LE POUVOIR DES PROTÉINES

Catalogage avant publication de Bibliothèque et Archives Canada

Cooper, David

Le pouvoir des protéines

2e édition

(Collection Santé naturelle)

ISBN 2-7640-1121-0

1. Perte de poids. 2. Protéines dans l'alimentation humaine. 3. Régimes amaigrissants. I. Titre. II. Collection Santé naturelle (Éditions Quebecor).

RM222.2.C659 2006 613.2'5 C2006-940624-3

LES ÉDITIONS QUEBECOR
Une division de Éditions Quebecor Média inc.
7, chemin Bates
Outremont (Québec)
H2V 4V7
Tél.: (514) 270-1746
www.quebecoreditions.com

Éditeur: Jacques Simard
Conception de la couverture: Bernard Langlois
Illustration de la couverture: GettyImages

Nous reconnaissons l'aide financière du gouvernement du Canada par l'entremise du Programme d'aide au développement de l'Industrie de l'édition (PADIÉ) pour nos activités d'édition.

Gouvernement du Québec – Programme de crédit d'impôt pour l'édition de livres – Gestion SODEC.

Imprimé au Canada

DAVID COOPER

LE POUVOIR DES PROTÉINES

Introduction

Retrouvez la forme

Aux lendemains du grand tapage médiatique et des festivités extravagantes qui ont marqué le passage dans le troisième millénaire, on ne peut s'empêcher de constater que l'humanité se trouve inlassablement face à des problèmes de taille, et ce, sur de nombreux plans. Toutefois, il y a un aspect qui prend des proportions particulièrement préoccupantes. En effet, la santé et l'alimentation sont plus que jamais au cœur de notre agitation quotidienne indépendamment que l'on vive dans un pays riche ou pauvre; en fait, seule la nature des problèmes diffère, car la malnutrition tue aux quatre coins de la terre.

Pendant que les habitants des contrées où sévit la misère dépérissent et meurent faute de ne pouvoir se nourrir adéquatement, les mieux nantis du globe, qui vivent dans l'opulence et l'abondance, entachent leur santé et succombent aux maladies provoquées par leurs abus et leurs mauvais choix alimentaires. Un peu plus de la moitié de la population américaine est aux prises avec un excédent de poids, et le tiers de ces gens sont obèses — c'est-à-dire que les personnes surpassent leur poids santé d'au moins 20 %. Cette statistique stupéfiante constitue un indice révélateur qui n'est certes pas étranger au fait que les maladies cardiaques et certains types de cancers figurent aux premiers rangs des causes de mortalité dans les pays industrialisés. De plus, l'obésité n'est plus l'apanage des adultes, c'est une réalité qui concerne des couches de population de plus en plus jeunes. Les derniers chiffres publiés à cet effet évaluent que près de 30 % des enfants américains éprouvent des problèmes de poids.

Avec de telles données, il n'est nullement surprenant de voir tant de nouvelles méthodes pour perdre les kilos superflus rapidement et de compagnies qui inondent les tablettes des commerces avec des produits supposément miraculeux pour retrouver une silhouette idéale, afin d'attirer autant d'adeptes et faire des affaires d'or.

LA SANTÉ OPTIMALE

Logiquement, les sociétés privilégiées qui ont les moyens de se procurer des variétés innombrables d'aliments leur permettant de couvrir leurs besoins essentiels primaires — et plus — ne devraient pas être confrontées à des problèmes de malnutrition. Pourtant, il n'en est rien. Jusqu'à un certain point, la profusion des ressources peut faire autant de dégâts que leur insuffisance. Le sentiment de l'inépuisable et la mentalité du «à volonté» ont engendré des comportements lourds de conséquences. Un très grand nombre de maladies découlent d'excès de table répétitifs et de mauvais choix nutritionnels volontaires ou involontaires à long terme amenant non seulement des dérèglements, mais aussi des carences parfois très importantes.

Plus que jamais, la nourriture est étroitement associée à toutes sortes d'occasions: anniversaires, retrouvailles, obtention d'un nouveau contrat, départ, rendez-vous amoureux, sorties entre amis, funérailles, fêtes religieuses et sociales, etc. Tout est prétexte à se retrouver devant un copieux buffet préparé par tout un chacun ou à la table d'un bon restaurant. Bref, l'incitation à manger est perpétuelle.

Puisque nous sommes confrontés à tant de choix et exposés à tant de tentations, il faut avouer qu'il est très difficile de ne pas perdre la tête! Et puis, il y a tellement de conceptions diététiques qui s'affrontent, se contredisent et se dédisent qu'on ne sait trop à qui s'en remettre. Le retour aux connaissances des principes alimentaires de base s'impose et apparaît maintenant comme étant le fer de lance, l'outil par excellence pour savoir comment nourrir son corps afin de le pourvoir des nutriments adéquats à son fonctionnement harmonieux et à l'obtention d'un état de santé optimum. Il ne suffit plus d'additionner des calories à l'aveuglette ou de s'alimenter dans le seul but d'apaiser sa faim: il faut être conscient de ce que l'on mange.

Il existe effectivement des centaines de diètes sur le marché, mais toutes ne se révèlent pas aussi efficaces qu'elles le devraient; certaines provoquent même des insuffisances importantes à différents niveaux en ne focalisant bien souvent leur action que sur un aspect — particulièrement sur le total des calories —, et en oubliant de considérer les besoins de l'ensemble de l'organisme.

Au cours des dernières années, de nouvelles méthodes proposant une démarche plus globale ont fait leur apparition sur le marché de la diététique. Celles-ci remportent un succès fulgurant quant au nombre d'adhérents et, jusqu'à maintenant, à la réussite du maintien de leur poids.

Par conséquent, si on apprend aux gens concernés par des problèmes de surcharge pondérale les notions de base relatives aux réactions de l'organisme par rapport à l'ingestion de certaines catégories de nutriments, ils seront capables de faire le lien entre leurs choix alimentaires et leur état de santé. Abordé de cette façon, le concept de diète défini en tant que période de privation et de comptabilisation restrictive de calories ou de matières grasses tendra à disparaître, car la personne décidera de plein gré de changer son style d'alimentation et sélectionnera des aliments qui favorisent le bon fonctionnement de son organisme. En fait, le cœur de la problématique nutritionnelle réside dans la qualité et la variété des calories que l'on consomme. C'est la clé qui permet de remédier à la sensation d'insatiabilité — si souvent éprouvée par les personnes se soumettant à des programmes diététiques inappropriés ou mal adaptés à leur condition personnelle ou mal interprétés de leur part — et au sentiment de frustration qui cède graduellement sa place à une motivation constamment renouvelée, au désir de se sentir bien.

LES NOUVEAUX CHOIX

À bas les calories, vive les protéines! semble être le nouveau slogan en vigueur dans le domaine de la nutrition.

Parmi les plus récentes études et observations faites sur le sujet, certaines rapportent avec certitude qu'il est vain de baser son alimentation uniquement sur le total de calories et sur la limitation maximale des matières grasses. De plus, on affirme que la croyance qui veut que l'on puisse compenser le manque énergétique par une plus grande consommation d'hydrates de carbone est un leurre: le secret d'une saine alimentation se trouve dans le bon ratio de protéines ingérées.

Ainsi, quelques spécialistes américains agacés par les résultats désastreux et les échecs répétés des diètes à faible teneur en gras et à teneur élevée en hydrates de carbone se sont penchés sur ce phénomène préoccupant: 98 % des gens ayant suivi une diète reprennent tout le poids perdu avec en moyenne 10 lb (4,5 kg) de plus, et ce, à l'intérieur d'une période de 5 ans[1].

[1] Il est à remarquer que les résultats ne sont pas plus reluisants au Québec, puisque le pourcentage de personnes victimes de l'effet yoyo est de 95 %!

Conscients que l'alimentation joue un rôle de premier plan dans la progression constante de maladies majeures — comme les troubles cardiaques, l'hypercholestérolémie, l'hypertension, le diabète, l'obésité ainsi que plusieurs types de cancers —, et que ceux qui les développent se voient sempiternellement rabâcher le même vieux discours inopérant, ces chercheurs ont voulu comprendre: 1. pourquoi tant de gens reprennent tout le poids perdu et reviennent sans cesse à la case départ; 2. pourquoi les médecins traitants continuent à suggérer ces diètes visiblement inefficaces.

Ce questionnement vous titille aussi?

Ce livre peut donc vous permettre d'ouvrir une fenêtre vers un nouvel horizon qui risque de vous intéresser fortement.

COMPRENDRE LE MÉTABOLISME

Il est bon de savoir que des programmes nutritionnels ayant une orientation plus globale nous initient et nous informent clairement sur les différents processus métaboliques de la nourriture que nous choisissons d'ingérer.

L'explication vulgarisée des principaux phénomènes qui régissent l'organisme est essentielle pour nous inciter à réviser volontairement la sélection des aliments et la composition de nos repas. De cette compréhension émerge notre véritable désir d'agir pour améliorer et pour entretenir notre état de santé.

À titre d'exemple très concret, la révélation du lien existant — et que certains qualifient d'inéluctable — entre l'emmagasinage exagéré du gras dans l'organisme et la surproduction de l'insuline a eu, tout dernièrement, l'effet d'un véritable coup de massue dans la compréhension de la prise de poids. Cette information est en train de changer littéralement les habitudes alimentaires de milliers de personnes. L'hyperinsulinisme, terme inconnu jusqu'à tout récemment, nous a été divulgué et expliqué en long et en large par le précurseur d'une nouvelle approche alimentaire qui fait rage partout dans le monde: la méthode Michel Montignac. Que l'on partage ou non l'ensemble des visées de cette théorie, il n'en reste pas moins que cet homme a le mérite d'y avoir exposé le principe de l'hyperinsulinisme sous toutes ses coutures, et que la connaissance de ce dernier a constitué l'élément déclencheur de modifications radicales chez plusieurs personnes préoccupées par leur santé. À constater la ferveur et la conviction avec laquelle les «montignaciens» invétérés suivent cette méthode, on peut comprendre que la curiosité des autres a été attisée et leur a même permis de trouver des réponses à des interrogations ou à des troubles qu'ils n'arrivaient pas à cerner. Quand on sait qu'un tel aliment provoque une telle réaction qui cause tel désagrément ou tel ennui physique, la motivation avec laquelle on décide de le rayer de notre liste d'épicerie a des racines beaucoup plus profondes que lorsqu'on se le fait proscrire pour la seule et unique raison que celui-ci compte tant de calories. La motivation se transforme rapidement en une conviction avec laquelle on n'a plus à se battre; par exemple, la plupart des personnes qui ne prennent plus de café à partir d'une certaine heure du jour parce qu'elles savent qu'elles auront de la difficulté à s'endormir n'ont pas à lutter très fort pour résister à la tentation...

Pointés du doigt par les diètes prônant un nombre de calories restreint et l'élimination du gras au maximum, les aliments protéinés renfermant des matières grasses ont subi les contrecoups de la vague anti-gras. La viande rouge, le beurre et les œufs ont écopé et se sont fait damer le pion par une pléthore de produits alimentaires étiquetés «sans gras», «sans cholestérol», «léger», «maigre», destinés à contrer la bête noire responsable de tous les maux de santé modernes: le cholestérol. (Par ailleurs, selon certains chercheurs, ce «dégraissage» collectif auquel on nous a soumis depuis la fin des années 1970 semble ne pas avoir permis d'obtenir les résultats escomptés. Nous aborderons ce point ultérieurement.) Pour ne pas voir fondre leurs marges de profit comme neige au soleil, les grandes compagnies de produits alimentaires ont vite emboîté le pas en allégeant les aliments coupables de l'encrassement du métabolisme humain, de manière à nous donner l'impression de ne pas avoir à subir les affres de la frustration et de la privation. Les manufacturiers ont su nous donner bonne conscience tout en ne nous obligeant pas à orienter davantage nos choix vers une utilisation des éléments nutritionnels adéquats.

Entre nous, croyez-vous sincèrement que des croustilles dites légères, des frites sans cholestérol ou tout autre produit du genre sont vraiment inoffensifs? Allez, il faut être réaliste et avouer que les grands fabricants alimentaires ont su réagir fort habilement en mettant sur le marché les pendants «légers» ou «sans gras» de tous les aliments défendus ou non recommandables dont nos papilles gourmandes ont tant de mal à se passer!

Contre vents et marées, une poignée de médecins et de chercheurs persistent à défendre leur nouveau point de vue. Ils tentent de démontrer qu'il est possible de perdre du poids, de le maintenir sans avoir à tenir de registre de calories et de faire disparaître ou de diminuer considérablement des problèmes aussi sérieux que l'hypertension, le diabète (de type II), le cholestérol en sachant sélectionner la nourriture qui agit en harmonie avec la biochimie métabolique du corps et non pas celle qui va à son encontre. Pour eux, il ne fait aucun doute que la surconsommation de féculents et de sucre, la phobie des matières grasses, l'abandon des aliments élevés en protéines ont créé un sérieux déséquilibre à l'origine de l'engrenage actuel. Après avoir suivi des centaines de patients obèses, hypertendus, diabétiques, etc., qui s'étaient soumis à leur programme, ces médecins sont convaincus d'avoir mis le doigt sur le bobo des diètes traditionnelles, qu'ils disent désuètes, parce qu'elles ne tiennent pas compte de la structure biochimique de l'ensemble des aliments suggérés et envoient des messages ambigus à l'organisme. Ils considèrent que chaque individu a le pouvoir d'améliorer et de contrôler sa santé pour autant qu'il en saisisse les rudiments et qu'il veuille bien y remédier.

Chapitre 1

Le corps et la nutrition

Tout le monde s'entend pour dire que le corps humain est une véritable merveille. On ne peut que s'extasier devant la précision de son fonctionnement et la perfection de son appareillage complexe. Sa capacité d'adaptation, sa propension à réagir promptement lorsqu'un dérèglement survient et à déployer instinctivement l'arsenal de défense quand la situation l'exige, ainsi que son potentiel de régénération naturelle en sont les caractéristiques prédominantes. Le carburant qu'il requiert pour fonctionner correctement, c'est-à-dire la nourriture que nous avalons, est l'élément qui devrait constituer une priorité pour chaque être humain soucieux de sa santé.

Les différentes cellules du corps ont un besoin vital de l'apport énergétique que procurent les macronutriments: protéines, matières grasses, hydrates de carbone. Sans eux, l'activité cellulaire subit des déficiences pouvant entraîner la mort — de l'indispensable action chimique des micronutriments (vitamines, minéraux et oligoéléments) et de l'eau. Connaître la composition des aliments que nous mangeons afin de ne pas surcharger ou de ne pas priver notre système de l'une ou de l'autre des différentes catégories de nutriments est une condition *sine qua non*. Certains aliments ne contiennent que des protéines et des matières grasses, alors que d'autres ne renferment que des hydrates de carbone. Ceci implique qu'une personne soucieuse d'avoir une alimentation équilibrée doit veiller à choisir des aliments dans tous les groupes de nutriments. Mais cette sélection ne doit pas être faite machinalement en intervertissant, par exemple, des aliments par simple équivalence de calories. On risque d'y perdre au change!

LES «CARBURANTS» DU CORPS

Les *protéines* sont une composante essentielle de l'organisme humain constituée par de très longues chaînes d'acides aminés reliés entre eux par une liaison chimique, appelée liaison peptidique. Les protéines interviennent à différents niveaux en tant que structure de soutien (membrane cellulaire, texture osseuse, collagène, etc.) ou sous forme d'hormones, d'anticorps, d'enzymes, etc., dans divers mécanismes physiologiques. L'apport énergétique idéal en protéines chez l'adulte doit représenter en moyenne 1 g de protéines par kilogramme de poids du sujet par jour. Une alimentation équilibrée doit inclure autant de protéines d'origine animale (viande, poisson, œufs, produits laitiers) que végétale (légumineuses, céréales complètes et soja).

Les *acides gras* ou *lipides* fournissent notamment de l'énergie stockable, entrent dans la composition d'hormones et permettent l'absorption de vitamines (A, D, E, K). Ils sont aussi d'origine animale (viande, poisson, beurre, fromage, crème fraîche) et végétale (huiles et margarine). Pour éviter l'accumulation de gras, il faut un apport équilibré d'acides gras saturés, responsables du mauvais cholestérol (viande, charcuterie, œufs et produits laitiers), et d'acides gras mono-insaturés et polyinsaturés bénéfiques contre le cholestérol (huiles de poisson, de tournesol, de maïs et d'olive). Toutefois, on nous assure maintenant que l'acide linoléique contenu dans les huiles végétales est le seul acide gras essentiel à l'organisme.

Les *hydrates de carbone* ou *glucides* apparaissent de plus en plus difficiles à définir. Toujours considérés officiellement par les hautes instances nutritionnelles comme une composante indispensable à l'alimentation, les hydrates de carbone, d'origine essentiellement végétale, sont classés traditionnellement en deux catégories selon la longueur et la complexité moléculaire, et leur capacité d'assimilation. Il y a les sucres simples ou rapides, qui sont promptement absorbés (fruits, bonbons, pâtisseries, sucre raffiné, etc.), et les sucres complexes ou lents, qui sont plus lentement assimilés (amidon, féculents).

Toutefois, cette classification des glucides est fortement remise en question. Certains, comme Michel Montignac, croient même qu'elle est basée sur des fondements erronés. Des expériences prouvent que tous les glucides vérifiés isolément à jeun atteignent leur sommet glycémique une trentaine de minutes après l'ingestion. Puisque les glucides ont sensiblement la même vitesse d'assimilation, on pense que les qualificatifs «lent» et «rapide» sont tout à fait inappropriés. Les études sur les fluctuations du taux de glucose dans le sang ont permis d'établir qu'il était plus pertinent de classer les glucides selon leur propriété glycémiante. C'est ainsi qu'on a instauré l'index glycémique, cette unité de mesure servant à déterminer les «bons» (faible taux de glucose dans le sang) et les «mauvais» glucides (forte augmentation de glucose dans le sang). On calcule l'index glycémique d'un aliment en comparant le comportement glycémique de ce dernier par rapport à celui d'une dose de 100 g de glucose. Concrètement, cela veut dire qu'on a analysé le sang de personnes à qui on a fait prendre 100 g de glucose pur afin d'en faire la référence de base.

On a ainsi déterminé que le glucose avait un index glycémique de 100. Puis, on a fait ingérer des aliments variés contenant 100 g de glucose aux mêmes sujets et on a mesuré de nouveau le taux de glucose présent dans le sang afin de comparer ce niveau de stimulation avec celui du glucose pur. Les aliments ayant un index glycémique de 50 et moins sont classés sous la rubrique des bons glucides, alors que les aliments ayant un index glycémique supérieur à 50 sont considérés comme étant de mauvais glucides.

Après avoir examiné ce concept à la loupe, les tenants d'une alimentation axée sur le bon ratio de protéines ont trouvé que la stricte comparaison d'un aliment en rapport avec le glucose ne permet pas de donner un portrait réel de l'ensemble des réactions métaboliques. Par exemple, ils tiennent à nous rappeler que les fibres contenues dans les fruits et les légumes, qui ralentissent l'absorption des hydrates de carbone — engendrant ainsi une présence moins forte de sucre dans le sang —, activent aussi d'autres processus indépendants ayant probablement une influence sur le taux de sucre dans le sang et la production d'insuline. Tel qu'il est mesuré présentement, l'index glycémique englobe donc toutes ces réactions et n'est pas spécifiquement relié aux hydrates de carbone. Les chercheurs ont alors établi une nouvelle classification des aliments en prenant soin d'isoler les hydrates de carbone afin d'en observer le comportement métabolique pur. Puisque le nouveau tableau des hydrates de carbone contenus dans les aliments qu'ils suggèrent met uniquement l'accent sur l'action métabolique du glucose, la notion de «bon» et de «mauvais» glucide perd son sens.

Les *fibres alimentaires* ne contiennent pas de valeur énergétique, mais sont riches en vitamines, en oligoéléments et en sels minéraux. Ce sont des substances résiduelles d'origine végétale non digérées par les enzymes du tube digestif. L'hémicellulose, la cellulose, les gommes, les mucilages, la pectine et la lignine font partie de cette catégorie. En plus de modifier l'absorption des protéines, des lipides, des glucides et des sels minéraux, les fibres alimentaires aident à régulariser le transit intestinal en augmentant le volume et l'hydratation des selles, et en diminuant la pression à l'intérieur du côlon. Elles défendent également l'organisme contre certaines substances toxiques.

Les *vitamines* sont des substances organiques indispensables à la croissance et au bon développement de l'organisme. Puisque ce dernier ne peut en fabriquer en quantité suffisante ou les synthétiser, il doit puiser ses ressources dans l'alimentation ou combler ses besoins par l'apport de suppléments médicamenteux. Au nombre de 13 — acide folique, vitamines A, B_1, B_2, B_5, B_6, B_8, B_{12}, C, D, E, K et PP —, les vitamines n'ont pas de valeur énergétique et opèrent à faible dose, seules ou synergiquement.

Les *oligoéléments* sont des éléments chimiques nécessaires, présents dans l'organisme en très petite quantité — 1 % de la masse totale du corps humain. L'alimentation subvient aux besoins de l'organisme en lui fournissant les ions métalliques (chrome, iode, manganèse, molybdène, nickel, potassium, sélénium, silicium, sodium, zinc, etc.) qu'il ne peut synthétiser par lui-même. Aussi infime soit la présence de ces traces d'éléments, il n'empêche qu'une carence de l'un ou de l'autre peut se répercuter par des troubles divers évidents: un manque de fer provoque de l'anémie, une carence en zinc affecte certaines fonctions neurologiques, un manque d'iode produit des dérèglements au niveau de la glande thyroïde, etc.

L'INSULINE: AMIE OU ENNEMIE?

Tout le monde connaît approximativement le rôle que joue l'insuline dans l'équilibre fonctionnel de l'organisme. On sait surtout que cette substance est étroitement liée au diabète, l'une des maladies les plus répandues sur le continent nord-américain. L'insuline est cette hormone sécrétée par le pancréas qui sert à diminuer le taux de glucose dans le sang. Lorsqu'elle n'est pas libérée en quantité suffisante, le taux de sucre dans le sang devient trop élevé, et le diabète se manifeste. Les diabétiques doivent alors s'injecter quotidiennement des doses d'insuline afin d'obtenir l'effet hypoglycémiant que leur organisme ne peut accomplir par lui-même.

Si nous ne souffrons pas de diabète, pourquoi devrions-nous nous préoccuper de notre production d'insuline? Eh bien, pour plusieurs raisons! En plus de régulariser le taux de sucre dans le sang en faisant pénétrer le glucose à l'intérieur des cellules afin qu'elles le transforment en énergie, l'insuline régit l'accumulation du gras, distribue les arrivages d'acides aminés, des acides gras et des glucides dans les tissus, favorise la synthèse des protéines, agit comme hormone de croissance, intervient dans le contrôle de l'appétit et ajoute son grain de sel dans plusieurs autres fonctions essentielles. L'insuline est une hormone maîtresse dont l'organisme ne saurait se passer. Toutefois, gare à la surproduction de l'insuline!

D'après plusieurs études scientifiques récentes, les excédents d'insuline seraient la cause première ou un important facteur de risque de problèmes de santé tels que les maladies cardiaques, l'hypertension, l'obésité, l'hypercholestérolémie et autres troubles découlant de l'accumulation du gras dans le sang, de même que le diabète de type II (qui apparaît le plus souvent chez des sujets devenus en partie insensibles à l'action de l'insuline, et généralement découvert après l'âge de 40 ans). Cette forme de diabète peut éventuellement évoluer vers le diabète insulinodépendant. Voilà pourquoi on doit se préoccuper de notre production d'insuline.

Puisque les désordres reliés à l'insuline ont des racines génétiques profondes, on nous conseille d'examiner nos antécédents médicaux (parents, grands-parents, frères, sœurs, oncles, tantes, cousins, cousines): les troubles cardiaques, l'hypertension, l'embonpoint, l'hypercholestérolémie, le taux de triglycérides élevé, le diabète et la rétention d'eau sont autant d'indices notables qui peuvent nous informer quant à notre propension naturelle à les développer. Les gens ayant ces prédispositions peuvent effectivement développer avec l'âge, le stress, les différentes maladies, l'addition d'années de consommation de féculents et de sucre, un dysfonctionnement des capteurs d'insuline au niveau cellulaire. Agressés de toutes parts, ces capteurs finissent par devenir apathiques et insensibles, laissant de plus en plus de place à l'insuline. Ces premières observations nous indiquent donc si nous avons intérêt à nous pencher plus sérieusement sur la question du contrôle de l'insuline.

Fondamentalement, l'insuline est une alliée précieuse de l'organisme. Ce n'est que lorsqu'elle est confrontée aux exigences de comportements exagérés d'ordre alimentaire qu'elle se met à faire des ravages. Le type de nourriture que nous ingurgitons constitue la meilleure solution pour remédier aux anomalies causées par l'hyperinsulinisme.

LE CHOLESTÉROL, UN BOUC ÉMISSAIRE?

On est en droit toutefois de se demander si les chercheurs ne sont pas en train de faire de l'insuline le nouveau bouc émissaire de l'alimentation, de la même manière qu'ils ont accusé le cholestérol de tous les maux il y a de cela quelques années maintenant. La phobie du cholestérol s'était alors rapidement implantée dans les cœurs apeurés et les artères serrées! Aujourd'hui, les mêmes chercheurs qui analysent les impacts de l'hyperinsulinisme attestent que la peur obsessionnelle du cholestérol a probablement pris des proportions qui dépassent l'entendement. Ils croient que le taux de cholestérol sanguin en tant que critère de référence numéro un de la bonne santé et de la bonne forme physique a provoqué une paranoïa qu'il sera difficile à neutraliser. Était-il justifié de créer autant de remous autour de cette question?

Comme l'insuline, le cholestérol — substance lipidique composée de plusieurs acides gras fixés sur un groupe d'alcool — accomplit des tâches essentielles au maintien de la vie et de l'équilibre du corps humain. Entre autres, le cholestérol entre dans la composition de la structure membranaire des cellules; il intervient dans la synthèse de plusieurs hormones (corticostéroïdes, œstrogène et testostérone); il est la principale composante des acides biliaires fabriqués par le foie, qui sont indispensables à la digestion des aliments (surtout les matières grasses) et qui entraînent avec eux la bile dans les intestins; il enduit les nerfs de sa substance et permet la transmission des influx nerveux; il intervient dans la croissance et la restauration des tissus; il assure le transport des triglycérides (sorte d'acides gras) dans le sang.

Comment alors contester le rôle capital que joue le cholestérol dans le métabolisme de l'organisme? En refaisant leurs devoirs, certains scientifiques déclarent même qu'une trop grande diminution du niveau de cholestérol pourrait être à l'origine du développement de graves maladies comme le cancer. Voilà une hypothèse qui a de quoi étonner, puiqu'on nous a inculqué l'information contraire depuis si longtemps! Nous reviendrons sur cette question dans un chapitre ultérieur.

TROP D'HYDRATES DE CARBONE = DANGER

On ne le répétera jamais assez, les choix et les habitudes alimentaires influencent directement le bon ou le mauvais fonctionnement de l'organisme humain. Pour être en santé, le corps nécessite des quantités minimales de chacun des trois macronutriments. En suivant un plan qui intègre suffisamment de protéines, qui permet une ingestion modérée de matières grasses et restrictive d'hydrates de carbone, les spécialistes — qui veulent redonner aux protéines leurs lettres de noblesse — certifient que, de cette façon, nous nous assurons les conditions favorables à l'équilibre métabolique. Telle est la tendance nutritionnelle révisée et soutenue par les chercheurs pour arriver à neutraliser l'hyperinsulinisme et les nombreux problèmes qui en découlent.

De très nombreuses recherches effectuées partout dans le monde concluent qu'il y a une corrélation directe entre la surproduction de l'insuline (hyperinsulinisme) et les maladies qui assaillent les populations. Depuis des années, le corps médical réagit aux problèmes d'embonpoint, de maladies cardiaques, etc., en prescrivant une diète basée sur une réduction maximale de la consommation de gras tout en compensant par une plus grande absorption d'hydrates de carbone. Étant donné la reprise fulgurante du poids perdu après avoir suivi une telle diète et le pourcentage toujours croissant de gens souffrant de troubles cardiaques, cela démontre la vulnérabilité des programmes hypocaloriques qui affament et finissent par ne plus donner de résultats. Pourquoi en est-il ainsi? Parce que l'organisme s'ajuste et finit par être capable de fonctionner avec ce qu'on lui offre. Exemple: on limite une personne dont les besoins caloriques totalisent 2 500 calories à une consommation de 2 000 calories par jour. Au début, le corps pige dans les réserves de graisse pour compenser le manque; donc, il y a amaigrissement. Petit à petit, l'organisme s'habitue à ce niveau et se stabilise; donc, il n'y a plus de perte de poids. Si la personne veut toujours perdre du poids, il lui faudra réduire de nouveau l'apport calorique. Prévoyant, l'organisme emmagasine donc quelques réserves de graisse... et ainsi de suite. À un moment donné, l'individu se trouve sans marge de manœuvre et, même s'il ne mange que très peu, il se met à engraisser. La frustration de ne pouvoir manger à satiété, de se priver de plusieurs aliments, de ressentir de la fatigue et de voir l'aiguille du pèse-personne osciller dans la mauvaise direction finit par gagner le sujet, et c'est la remontée!

Devant la piètre performance des régimes hypocaloriques, on a tenté de trouver des réponses. (Une diète totalisant 2 200 calories par jour et composée à 60 % d'hydrates de carbone équivaut au bout du compte à la métabolisation de 2 tasses [500 ml] de sucre.) Ainsi, est-il opportun de suggérer que les hydrates de carbone soient les véritables coupables?

C'est un fait connu par tous les médecins et nutritionnistes que l'ingestion d'hydrates de carbone accroît le taux de sucre dans le sang. Par conséquent, cette action stimule la fabrication de l'insuline nécessaire pour en stabiliser le niveau. La surconsommation d'hydrates de carbone entraîne par ricochet une surproduction insulinique par le pancréas qui, complètement débordé par la sollicitation incessante, ne peut que très difficilement fournir à la tâche. À la longue, cet hyperinsulinisme provoque une accumulation des graisses que l'organisme n'a pu métaboliser, et c'est le début de l'engrenage des anomalies. L'embonpoint et l'obésité, qui sont souvent, eux aussi, la source de nombreux autres problèmes, découlent donc davantage d'un dysfonctionnement pancréatique et non pas le contraire. (La croyance générale veut toutefois que le dérèglement du pancréas survienne à la suite de l'embonpoint ou de l'obésité.) On pense que c'est précisément au niveau du processus de production de l'insuline qu'il faut intervenir au lieu de se contenter d'essayer bêtement d'éliminer le gras.

À la lumière de ces observations, certains chercheurs avancent que, à la limite, le corps pourrait se passer des hydrates de carbone, car il a la capacité de façonner lui-même le sucre sanguin requis pour nourrir les tissus qui en réclament. Les Inuits qui s'alimentent presque exclusivement de viande crue — protéines et matières grasses — en sont la preuve vivante. Chez ce peuple dont les conditions de vie sont difficiles, on ne trouve que très peu de cas de maladies cardiaques, d'obésité, d'hypertension ainsi que toute autre maladie étroitement associée au style de vie urbain.

Heureusement, l'idée sous-tendue dans cet exemple n'est pas de se soumettre à un régime aussi coercitif pour obtenir des résultats probants, sans compter qu'il faudrait s'isoler complètement ou avoir une volonté en béton armé pour résister systématiquement à tous les aliments contenant des glucides en vente dans les supermarchés. Plusieurs des spécialistes qui proposent cette nouvelle perspective nutritionnelle basée sur la restriction raisonnable des hydrates de carbone ont eux-mêmes appliqué les principes qu'ils préconisent dans leur propre vie. Ce faisant, ils révisent constamment leur programme afin qu'il soit un outil facilement adaptable selon l'individualité métabolique de chacun.

LA DÉPENDANCE AUX HYDRATES DE CARBONE

Parmi les tenants de la théorie restrictive en hydrates de carbone, quelques-uns vont jusqu'à parler de dépendance aux glucides, c'est-à-dire que le métabolisme de certaines personnes — des millions selon eux — est enclin à demander constamment les aliments de cette nature. En clair, les hydrates de carbone (glucides) ont le même effet que la drogue sur un toxicomane, que l'alcool sur un alcoolique et que la nicotine sur un fumeur.

Les docteurs Richard et Rachael Heller, qui ont écrit quelques livres sur le sujet, expliquent les raisons fondamentales qui les portent à croire que le métabolisme de certains individus réagit biologiquement à l'ingestion des hydrates de carbone en leur faisant développer une réelle dépendance à ces derniers. Les recherches et les expérimentations du couple de médecins les ont amenés à créer non pas une diète, mais un véritable programme de style de vie qu'ils appliquent eux-mêmes depuis une quinzaine d'années. (Rachael Heller, qui a été obèse pendant 20 ans de sa vie, a perdu 165 lb [74,8 kg] et a réussi à maintenir son poids santé avec succès.) À l'instar de l'alcoolique qui doit reconnaître sa faiblesse et vivre sa sobriété 24 heures à la fois, le dépendant aux hydrates de carbone doit prendre conscience de la fragilité de son organisme et organiser son style d'alimentation en conséquence pour ne pas rechuter constamment.

Mais comment se manifeste cette fâcheuse dépendance? Quels sont les signes ou les traits de comportements qui caractérisent un tel état? Voici quelques points qui sauront vous mettre sur la piste et vous permettre de savoir si vous avez cette inclination métabolique.

Par exemple, avez-vous de la difficulté à vous arrêter de manger des féculents, des grignotines, du *fast food* ou des sucreries? Ressentez-vous la faim avant l'heure du midi même si vous avez mangé un petit déjeuner complet? Éprouvez-vous un sentiment d'insatisfaction juste après avoir terminé un repas? Le simple fait de voir, de sentir ou de penser à de la nourriture vous donne-t-il envie de manger? Continuez-vous parfois de manger même si vous ressentez une sensation de satiété ou d'inconfort? Avez-vous l'habitude de casser la croûte pendant la soirée? Vous sentez-vous fatigué ou affamé en plein cœur de l'après-midi? Avez-vous déjà suivi une diète et regagné tout le poids perdu?

Plus le nombre de réponses affirmatives est grand, plus les probabilités que vous soyez affecté par une dépendance aux hydrates de carbone sont grandes.

Les docteurs Heller soutiennent par ailleurs que l'état de dépendance n'a rien à voir avec la volonté, mais qu'il s'agit plutôt d'un phénomène biologique. En faisant référence eux aussi au concept de l'hyperinsulinisme, ils appuient à 100 % la thèse qu'une trop grande consommation d'hydrates de carbone (contenus dans les féculents, les sucreries et le *fast food*) occasionne un surplus d'insuline et, à plus ou moins long terme, un stockage des graisses.

Ils affirment également que certaines personnes ne reçoivent pas le signal activé par la sérotonine afin d'avertir leur cerveau qu'elles sont satisfaites et qu'il est temps d'arrêter de manger. C'est ce qui explique le phénomène des gens qui s'adonnent à des fringales dévastatrices interminables et ne cessent de manger que lorsque le sac de croustilles est complètement vide ou qu'il n'y a plus rien d'intéressant à se mettre sous la dent dans le frigo ou les armoires. Selon ces médecins, environ les trois quarts de la population américaine souffrirait de cette désorganisation métabolique.

Pour corriger le tir, il n'y a qu'une solution possible: s'en prendre à la source en ramenant la production d'insuline dans une juste proportion. Le rétablissement des fonctions métaboliques qui s'ensuit fait disparaître graduellement la sensation permanente de faim, neutralise les rages incontrôlables et l'envie de se gaver d'aliments favorisant le cercle vicieux. Aussi peu que cinq à sept jours suffisent pour voir des changements s'opérer. Dans ce court laps de temps, plusieurs personnes ont signalé une perte de poids sensible (jusqu'à 5 lb [2,3 kg] dans certains cas), une diminution du degré d'hypertension (après quelques semaines, certains ont même pu abandonner leur médication avec l'assentiment de leur médecin), le sentiment d'avoir mangé à satiété et une réduction étonnante des crises de faim, une baisse du cholestérol et une chute du taux de sucre dans le sang chez des diabétiques du type II, etc.

DIÈTE OU PROGRAMME DE VIE?

Voilà une question qui en agace plus d'un! Les nouvelles philosophies nutritionnelles tendent à éliminer de leur vocabulaire les termes «diète» et «régime», qui nous font généralement grincer des dents, parce qu'ils sonnent l'heure des restrictions et de la privation pendant des semaines, voire des mois. Ces mots créent également l'impression qu'il y aura une libération et que l'assujettissement aux limitations alimentaires prendra fin une fois que l'objectif pondéral sera atteint. Il s'agit là d'une fausse impression, puisque la notion de provisoire accolée au fait de suivre une diète se révèle de moins en moins vraie. En effet, les statistiques démontrent formellement que 98 % des gens qui s'y sont astreints reprennent les kilos perdus accompagnés souvent d'un joyeux petit extra!

Veut-on nous amadouer en parlant de programme de vie plutôt que de régime ou de diète et nous séduire en nous faisant miroiter l'assurance que leurs plans nutritionnels nous libéreront de la frustration et du sentiment de privation?

Une chose est sûre, c'est qu'il n'y a pas de solution miracle dans le domaine nutritionnel. Nous ne pouvons dénigrer que nous sommes irrévocablement le résultat de ce que nous mangeons! Encore une fois, tout est une question de perception, de valeurs et de choix. «Ce n'est qu'un mauvais moment à passer, après, je serai débarrassé!» croient certaines personnes quand elles suivent un régime. «Chaque jour, j'agis pour l'atteinte de mon mieux-être», préfèrent penser d'autres qui envisagent un changement d'attitude. Nous avons le pouvoir de teinter notre quotidien négativement ou positivement — l'alimentation étant une préoccupation de tous les jours qui a des répercussions à court, à moyen et à long termes —, car nous sommes responsables de nos décisions. C'est en suivant ce raisonnement que la philosophie d'un programme de vie peut effectivement faire la différence, puisqu'elle sous-tend une conscientisation du lien étroit qui rattache l'alimentation à l'état de santé, et, par extension, à la qualité de vie en général.

Psychologiquement, il y a une énorme différence entre le sentiment de s'astreindre à une diète temporaire et de focaliser sur une liste d'aliments défendus, et le sentiment d'effectuer un virage volontaire pour non seulement perdre du poids, mais aussi pour améliorer son état de santé global. La nature de la motivation implique une sensation intérieure différente. Une personne qui, tout en perdant plusieurs kilos, sait que par ses choix alimentaires elle pourra réduire son taux d'hypertension, éliminer le surplus de sucre dans son sang, atténuer les risques de maladies cardiaques, d'enflure et d'ankylose aux jambes, se remettre à pratiquer son sport préféré, à porter les vêtements qu'elle rêve depuis toujours et, peut-être, se débarrasser de certains médicaments, fait déborder son action vers des objectifs qui dépassent le seul désir d'atteindre un poids idéal.

Lorsque de tels critères sont la source de motivation première, ils deviennent un leitmotiv qui se grave dans les convictions profondes et qui dirige les choix sans avoir l'impression de sacrifier ou de concéder quoi que ce soit. Au contraire, ces raisons sont la garantie d'un modèle de vie que l'on souhaite délibérément. Par opposition, l'individu qui a hâte de perdre ses kilos en trop pour pouvoir enfin se taper les pâtes à la sauce crémeuse et les pâtisseries qui hantent ses pensées vit une véritable torture. Il est sûr et certain que la partie est perdue d'avance et qu'il ne tardera pas à reprendre ses bonnes vieilles habitudes... de même que les kilos perdus! Le sentiment d'être en attente, de ronger son frein indique clairement que cette personne n'a pas envie d'entreprendre une nouvelle démarche et qu'elle n'a pas l'intention d'envisager un changement quel qu'il soit.

C'est donc au niveau de l'intention que l'adoption d'un programme de vie ayant pour but un état de santé maximal constitue une sérieuse option vers la durabilité des résultats, car elle interpelle la sincérité des motifs de la prise de décision de la personne concernée.

Certains continueront à croire pourtant que les promoteurs de tels plans nutritionnels s'amusent à jouer avec les mots, et qu'un programme de vie ne diffère en rien de la diète traditionnelle ou du vieux régime de grand-mère, car la soi-disant nouvelle ligne de pensée qu'ils défendent implique aussi des restrictions alimentaires et de la privation. Mais comme nous l'avons dit précédemment, tout est une question de perception, de valeurs personnelles et de choix!

UN PHÉNOMÈNE DE SOCIÉTÉ

En parcourant le grand livre de l'Histoire de l'humanité, les chercheurs ont d'ailleurs pu constater que les anciennes civilisations riches qui se nourrissaient d'aliments à forte teneur en hydrates de carbone connaissaient déjà des problèmes de santé similaires à ceux des bien nantis d'aujourd'hui. À cet égard, les études paléontologiques faites sur les momies égyptiennes ont permis de scruter à la loupe des parties corporelles préservées depuis des millénaires et d'obtenir des informations saisissantes à partir desquelles il a été possible de spéculer aussi bien sur l'état de santé général que sur les maladies probables au moment de la mort de l'être momifié.

Les nombreux vestiges déchiffrés par les archéologues nous ont déjà permis de savoir que les Égyptiens cultivaient le blé et l'orge dont les grains grossièrement écrasés leur fournissaient la farine avec laquelle ils fabriquaient une sorte de pain plat qu'ils consommaient en grande quantité, et ce, quotidiennement. La luxuriante plaine du Nil pourvoyait ses habitants en fruits, en légumes et en légumineuses très variés, dont les dattes, les pêches, les raisins, les poires, les pommes et les noix, les olives — desquelles ils tiraient l'huile —, l'ail, l'oignon, la laitue, les pois, les lentilles et les concombres. Les Égyptiens étaient également très friands de miel et utilisaient les huiles d'olive, de lin et de sésame pour cuisiner ou pour concocter des potions médicinales. Le poisson et la volaille, le lait de chèvre et le fromage fabriqué à partir de ce dernier complètent le tableau alimentaire de ce peuple ancien.

La variété des aliments disponibles et la quasi-absence de matières grasses animales (viande rouge, lard) pourraient nous inciter à croire que nos lointains ancêtres ne devaient pas être confrontés à des maladies semblables à celles des temps modernes. Il semble qu'il n'en soit rien!

Étant donné que les Égyptiens ne connaissaient pas le sucre raffiné, la majeure partie de leur nourriture quotidienne reposait sur des aliments à haute teneur en hydrates de carbone — les Égyptiens étaient de grands mangeurs de pain.

L'exploration tissulaire des paléontologues a dénoté que nos aïeux millénaires souffraient déjà de sérieux problèmes dentaires (gencives, déficiences au niveau de l'émail, caries, abcès, etc.), d'embonpoint, d'hypercholestérolémie, de troubles coronariens et cardiaques. De plus, les maladies d'origine bactérienne ou infectieuse comme la tuberculose, la pneumonie et la lèpre faisaient également partie du répertoire.

Ces observations tendent à confirmer que peu importe l'époque, plus un peuple réussit à gravir l'échelle de la civilisation, plus il est enclin à développer un style d'alimentation qui nuit à l'équilibre naturel de l'organisme. (Les études faites sur les populations primitives de chasseurs qui se nourrissaient majoritairement de viande démontrent que ces derniers n'éprouvaient pas, dans l'ensemble, de problèmes dentaires par exemple.)

Des travaux plus récents ayant comme sujet les aborigènes du continent australien convergent aussi vers cette hypothèse de l'incidence de la civilisation sur la composition du régime alimentaire et des conséquences sur la santé. Aux fins de la recherche, on leur a proposé une diète semblable à celle de la majorité des Nord-Américains, composée d'environ 45 % d'hydrates de carbone, 45 % de matières grasses et 10 % de protéines. L'intégration de produits à base de farine blanchie, de sucre raffiné, de riz blanc, de boissons sucrées, de boissons alcoolisées et de viandes grasses à leur régime alimentaire a eu un effet dévastateur sur leur organisme ayant des prédispositions naturelles à réagir fortement à ces derniers. À mesure que les aborigènes se sont adaptés au style de vie urbain occidental, on a vu apparaître de l'hyperinsulinisme et du diabète de type II, ce qui ne s'était jamais produit auparavant.

L'équipe scientifique médicale a ensuite suivi un groupe témoin d'aborigènes auxquels on a demandé de retourner vivre dans leurs régions boisées, de reprendre leurs activités typiques et de se remettre à manger la nourriture traditionnelle composée à 75 % de protéines, à 20 % de matières grasses et à seulement 5 % d'hydrates de carbone (il est à noter que les deux tiers des aliments étaient d'origine animale). Tout près de deux mois après la réintégration du régime de vie ancestral, les analyses sanguines ont montré une diminution du taux de glucose dans le sang doublée d'une réduction de la production d'insuline et accompagnée d'une baisse des triglycérides.

En ce qui nous concerne, il n'est pas nécessaire de sortir nos raquettes, notre chemise à carreaux, notre fusil et notre hache pour redevenir les coureurs des bois que nous avons été jadis! Il serait plus judicieux de profiter de l'abondance à notre disposition en révisant la nature des aliments que nous présentons sur nos tables afin qu'ils nous fournissent les quantités suffisantes des nutriments propices à l'équilibre fonctionnel de l'organisme.

À ÉVITER: LA RÉSISTANCE À L'INSULINE

Parce qu'il n'existe pas de médication pour contrer la surproduction d'insuline, l'unique solution réside dans une meilleure alimentation. Qu'on le veuille ou non, cela revient à dire que nous nous infligeons nous-mêmes des dérèglements fonctionnels que nous pourrions éviter, qu'il s'agisse d'hypertension, de diabète de type II, d'obésité, de troubles cardiaques, etc.

L'idée d'avoir à prendre des médicaments quotidiennement et à perpétuité pour contrôler l'un ou l'autre de ces problèmes nous rebute à peu près tous, à plus forte raison quand nous savons pertinemment que cette pratique ne fait que traiter les symptômes. L'idée d'avoir à apporter des modifications majeures à notre régime alimentaire ne nous enthousiasme d'ailleurs pas davantage. Mais comme le dit le vieil adage: de deux maux, il faut choisir le moindre. À chacun de décider si avaler deux, trois, quatre ou cinq pilules par jour est moins déprimant ou exigeant que de diminuer de moitié ses portions de pain...

Nous rendons-nous vraiment compte que la consommation répétée d'aliments, chèrement payés soit dit en passant et qui ne répondent pas convenablement à nos besoins réels en matière de nutrition, est à la source même de nombreux problèmes de santé qui nous forcent à dépenser pour des médicaments? Et que dire de la dépendance de l'organisme qui risque de se développer! Ces questions méritent une réflexion. À chacun de décider s'il est victime d'un corps qui ne fonctionne pas bien ou s'il est responsable de son état de dysfonctionnement...

Éviter la résistance à l'insuline, c'est aussi éviter de tomber dans un cercle vicieux qui peut s'amorcer de cette façon: un sujet qui ne cesse de prendre du poids finit par développer de l'hypertension contre laquelle son médecin réagit en lui prescrivant des diurétiques doux et en lui imposant une réduction de sa consommation de sel. La tension artérielle se rétablit, mais une légère augmentation du taux de cholestérol se manifeste. Il lui faut maintenant couper le gras. Lorsque l'individu revient consulter le médecin, ce dernier constate que les taux de triglycérides et de sucre dans le sang ont grimpé malgré une légère baisse du cholestérol... et c'est parti! Voilà que notre sujet entre de plain-pied dans la ronde des médicaments et, comme un chien qui court après sa queue, il ne se rend pas compte de l'interminable course qu'il vient d'entreprendre.

À la longue, le danger de ne pas se préoccuper de la cause première de cette avalanche de désordres, soit la surproduction de l'insuline engendrée par la nourriture, fait que l'on s'habitue à ces maux et qu'on finit par les considérer comme normaux. Et c'est précisément là que la situation peut s'envenimer, car le déclenchement de l'hyperinsulinisme mène presque inévitablement à la résistance à l'insuline, c'est-à-dire l'insensibilité des cellules réceptrices à cette substance. L'incapacité de ces dernières à y répondre adéquatement entraîne une plus grande libération d'insuline qui engourdit encore davantage les récepteurs, et ainsi de suite... Une autre roue sans fin!

La surconsommation des aliments est une aberration équivalente à l'installation d'un moteur de huit cylindres sous le capot d'une Renault 5. Pourquoi surcharger notre corps qui a ce potentiel inné d'emmagasiner des réserves d'énergie suffisantes pour les imprévus?

L'insuline et quelques autres hormones régissent les activités métaboliques permettant de suppléer constamment à nos besoins énergétiques. Tous ces procédés intrinsèques sont habilement orchestrés et synchronisés par la nature, et ne devraient pas compter sur une intervention extérieure... ce qui est malheureusement de moins en moins le cas, comme en font foi les chiffres d'affaires astronomiques des compagnies pharmaceutiques.

En médecine traditionnelle chinoise, les forces contraires du *yin* et du *yang* sont l'un des aspects fondamentaux de l'équilibre même de l'organisme: toute chose existante a son pôle opposé. C'est le maintien du balancier entre ces forces qui permet à l'énergie vitale, le *qi*, de circuler harmonieusement dans le corps et d'assurer la santé. Dès que l'un des pôles exerce une plus grande attraction ou subit une pression, l'équilibre se rompt et provoque la maladie.

Précieux partenaire complémentaire de l'insuline, le glucagon fait office de contrepoids pour abonder dans la logique du *yin* et du *yang*. Sécrété par le pancréas, le glucagon est une hormone qui veille aux effondrements draconiens de la glycémie. Son effet hyperglycémiant agit en augmentant la concentration sanguine du glucose. (Les diabétiques dont le taux de glucose sanguin chute dangereusement à cause d'une surdose d'insuline pouvant entraîner un malaise ou le coma se doivent de prendre du glucagon pour rétablir la glycémie.) Sans insuline, le taux de glucose sanguin monte en flèche, des désordres métaboliques s'amorcent et s'enchaînent, la déshydratation, le coma et la mort s'ensuivent. Sans glucagon, le taux de sucre dans le sang décline hâtivement, les fonctions neurologiques se dégradent, puis surviennent le coma et la mort. Pour toutes ces raisons, l'équilibre entre ces deux hormones est absolument déterminant pour se garantir un esprit clair, une humeur constante et des performances physiques optimales. À part l'injection spontanée, l'alimentation est le seul moyen dont nous disposons pour assurer une production pondérée de l'un et de l'autre. Tant et aussi longtemps que la nourriture peut maintenir cet équilibre, le métabolisme est capable de reprendre le dessus et de régler les petites interférences passagères. Nous avons donc le pouvoir de contrôler le bon fonctionnement de notre métabolisme en choisissant d'ingérer modérément des aliments contenant du sucre.

L'impact de la nourriture sur l'insuline et le glucagon a d'ailleurs fait l'objet de quelques recherches qui ont permis de cerner encore davantage les facteurs les plus dangereux. Des scientifiques ont observé attentivement les réactions des deux hormones après avoir fait manger à des sujets différentes sortes d'aliments seuls ou associés à d'autres. En voici le compte rendu:

SORTES D'ALIMENTS	*INSULINE*	*GLUCAGON*
Hydrates de carbone	*****	—
Protéines	**	**
Matières grasses	—	—
Hydrates + gras	****	—
Protéines + gras	**	**
+ de protéines, - d'hydrates	**	*
+ d'hydrates, - de protéines	*********	*

Le nombre d'astérisques étant proportionnel à l'impact ressenti par l'organisme, on peut constater que l'emprise des hydrates de carbone se fait sentir très étroitement sur le comportement de l'insuline. On remarque également que la plus forte hausse d'insuline est enregistrée lorsque la combinaison d'aliments à forte teneur en hydrates de carbone et d'aliments à faible teneur en protéines est en action dans l'organisme (et quelle hausse, puisqu'elle représente presque le double par rapport à celle obtenue lorsque les hydrates de carbone sont les seuls en présence!).

QUEL EST VOTRE MENU?

Quoique certains pays y échappent encore — mais pour combien de temps? —, il faut admettre que les préférences alimentaires planétaires tendent à ressembler de plus en plus à celles des Nord-Américains: les pizzas (croûte, fromage, viande: une combinaison hydrates de carbone élevés, protéines faibles), les hamburgers et les frites (pain, pommes de terre et viande: une combinaison hydrates de carbone élevés et protéines élevés), les pâtes gratinées comme la lasagne, accompagnées de pain (pain, pâtes, fromage et viande: une combinaison hydrates de carbone élevés et protéines faibles), les sandwichs (pain et viande), les quiches (pâte à tarte, œufs) sont le plus souvent assortis de boissons gazeuses (hydrates de carbone très élevés). En sachant que les Américains sont aux prises avec des problèmes de poids, il y a de quoi s'inquiéter pour nous à très court terme si nous continuons à suivre leur exemple[2]!

[2] Au Québec, il y a quelques mets traditionnels qui ont encore la cote et que l'on devrait peut-être reconsidérer selon notre état; par exemple, le pâté chinois (viande, blé d'Inde, pommes de terre: une combinaison hydrates de carbone élevés, protéines), la tourtière du lac Saint-Jean et les pâtés à la viande, au poulet ou au saumon (pâte à tarte, viande, pommes de terre: une combinaison hydrates de carbone élevés, protéines) qui sont souvent suivis de généreuses portions de desserts (tartes, gâteaux, pâtisseries remplis d'hydrates de carbone).

Mais que peut-on manger alors? Ce qu'on nous a enseigné n'est donc plus valable? Comment s'y retrouver?

Même le *Guide alimentaire canadien*, source de référence officielle, privilégie un régime semblant favoriser l'apparition de problèmes comme l'hyperinsulinisme. En effet, l'illustration (voir à la page suivante) démontre que les produits céréaliers (pain, biscottes, pâtes alimentaires, qui sont des aliments à haute teneur en hydrates de carbone) devraient représenter la majeure partie de l'alimentation, soit 5 à 12 portions par jour. S'ajoutent les fruits (source importante de glucose) et les légumes, avec 5 à 10 portions par jour. Les produits laitiers suivent, avec des quantités variant selon l'âge et la condition physique — 2 ou 3 portions pour les 4 à 9 ans, 3 ou 4 portions pour les 10 à 16 ans, 2 à 4 portions pour les adultes et 3 ou 4 portions pour les femmes enceintes. La viande et ses substituts (aliments protéinés) ferment la marche avec une recommandation de 2 ou 3 portions par jour.

La version actuelle du *Guide alimentaire canadien* remonte déjà à 1990, et il faudra attendre sans doute encore deux ou trois années avant que soit publiée la prochaine. Il sera intéressant de surveiller les ajustements qui seront faits par les experts qui évoluent au sein d'un organisme conjoint Canada/États-Unis, les deux pays travaillant main dans la main pour uniformiser les besoins nutritionnels de leur population respective.

Doit-on alors faire une croix définitive sur tout ce qui compose notre menu actuel? Certainement pas tout! Avant d'en arriver à cette conclusion, il faut à tout le moins commencer par évaluer sa condition physique actuelle afin de découvrir quel est son profil de santé et d'estimer son inclinaison à réagir à la consommation d'une trop grande quantité d'hydrates de carbone.

Chapitre 2
Quel est votre profil?

Puisqu'il a été question de l'alimentation dans le chapitre précédent, nous devons être à même de comprendre le rôle des aliments ainsi que leur impact dans l'un des principaux processus métaboliques de notre organisme: la fabrication de l'insuline. Notre principale préoccupation consiste donc à savoir si notre organisme est susceptible de nous faire faux bond et de nous faire sombrer dans les méandres de l'hyperinsulinisme!

Plus que le poids comme tel, c'est la composition et la répartition de la masse corporelle qui importent parce qu'elles nous informent sur la nature des tissus — musculaires ou adipeux — qui nous caractérisent et nous prédisposent ou non à éprouver des désordres métaboliques importants.

LA COMPOSITION DE SA MASSE CORPORELLE

Le premier indice bien connu pour nous aider à cerner notre identité corporelle est visuel et fait référence à l'analogie suivante: si vous aviez à comparer votre corps à une pomme, où l'excès de poids est concentré dans la région abdominale (cette forme caractérise le plus souvent les hommes) ou à une poire, où l'excès de poids se trouve plutôt sur les hanches et au niveau des cuisses (cette forme caractérise davantage les femmes), lequel des deux fruits vous décrirait le mieux? Êtes-vous de type pomme ou de type poire?

Les pommes au ventre bien garni ne doivent pas ignorer que les matières grasses qui s'accrochent à leur paroi abdominale ont de bonnes chances d'enrober également les organes vitaux avoisinants, c'est-à-dire le cœur, le foie, les reins et les intestins. Ces personnes sont assurément plus sujettes au déséquilibre insulinique, et leur ventre constitue un terrain de prédilection pour le développement de l'hypertension, des maladies cardiaques, de l'hypercholestérolémie et du diabète de type II.

Les poires ont la partie inférieure du corps bien enveloppée. Chez elles, le stockage des matières grasses est sous-cutané. Les dépôts graisseux qui tapissent les muscles des hanches et des cuisses ne représentent pas autant de risques que ceux encourus par les pommes parce qu'ils n'affectent pas d'organes vitaux directement. Toutefois, ces personnes doivent tout de même être vigilantes, car une forte accumulation de kilos superflus dans le bas du corps peut servir de coussin à un débordement graduel vers la zone abdominale et, ainsi, elles pourraient devenir des... pommes-poires!

Si vous n'arrivez pas à déterminer votre profil objectivement, prenez un galon à mesurer, enlevez vos vêtements et, sans tricher (sans retenir votre souffle, sans rentrer le ventre et sans serrer le galon), faites l'exercice suivant:

- mesurez votre tour de taille en centimètres (au niveau du nombril);

- mesurez vos hanches (au point culminant de votre fessier);

- divisez votre tour de taille par votre tour de hanches.

Pour les hommes, si le résultat de la division est inférieur à 1, vous êtes un type poire; si le résultat est supérieur à 1, vous êtes un type pomme.

Pour les femmes, si le résultat de la division est inférieur à 0,8, vous êtes un type poire; si le résultat est supérieur à 0,8, vous êtes un type pomme.

Cette opération mathématique toute simple vous permet déjà d'évaluer votre niveau de susceptibilité à éprouver des désordres métaboliques causés par l'insuline. Mais gardez le résultat en mémoire, car il sera utile dans la prochaine étape qui consiste à savoir de quoi se compose votre masse corporelle. Deux personnes ayant le même poids n'ont pas nécessairement la même constitution — à volume égal, les muscles sont plus lourds que la graisse. (Et même si le type poire a moins à craindre en ce qui a trait à la surproduction de l'insuline, il n'est pas immunisé pour autant contre d'autres maux inhérents à l'excès de poids!)

Commençons d'abord par la détermination du pourcentage de la masse grasse par un calcul qui diffère selon le sexe auquel on appartient.

CALCUL DE LA MASSE GRASSE DES FEMMES

- Inscrivez la mesure de vos hanches, de votre taille et de votre grandeur en centimètres et en mètres, respectivement;
- Consultez le tableau de conversion des indices du pourcentage de gras pour les femmes, l'indice A correspondant à la largeur des hanches, l'indice B, à celle de la taille et l'indice C, à la grandeur;
- Additionnez l'indice A et l'indice B;
- Prenez le total précédent et soustrayez l'indice C;
- Le résultat est votre pourcentage de gras.

Tableau de conversion des indices du pourcentage de gras pour les femmes

HANCHES		TAILLE		GRANDEUR	
CM	INDICE A	CM	INDICE B	M	INDICE C
76	33,48	51	14,22	1,40	33,52
77	33,83	52	14,40	1,41	33,67
79	34,87	53	14,93	1,42	34,13
80	35,22	55	15,11	1,44	34,28
81	36,27	56	15,64	1,45	34,74
83	36,62	57	15,82	1,46	34,89
84	37,67	58	16,35	1,47	35,35
85	38,02	60	16,53	1,49	35,50
86	39,04	61	17,06	1,50	35,96
88	39,41	62	17,24	1,51	36,11
89	40,46	63	17,78	1,52	36,57
90	40,81	65	17,96	1,54	36,72
91	41,86	66	18,49	1,55	37,18
93	42,21	67	18,67	1,56	37,33
94	43,25	69	19,20	1,57	37,79
95	43,60	70	19,38	1,59	37,94
97	44,65	71	19,91	1,60	38,40
98	45,00	72	20,09	1,61	38,55
99	46,05	74	20,62	1,63	39,01
100	46,40	75	20,80	1,64	39,16
102	47,44	76	21,33	1,65	39,62
103	47,79	77	21,51	1,66	39,77
104	48,84	79	22,04	1,68	40,23
105	49,19	80	22,22	1,69	40,38
107	50,24	81	22,75	1,70	40,84
108	50,59	83	22,93	1,71	40,99

HANCHES		TAILLE		GRANDEUR	
CM	INDICE A	CM	INDICE B	M	INDICE C
109	51,64	84	23,46	1,73	41,45
110	51,99	85	23,64	1,74	41,60
112	53,03	86	24,18	1,75	42,06
113	53,41	88	24,36	1,77	42,21
114	54,53	89	24,89	1,78	42,67
115	54,86	90	25,07	1,79	42,82
117	55,83	91	25,60	1,80	43,28
118	56,18	93	25,78	1,82	43,43
119	57,22	94	26,31	1,83	43,89
120	57,57	95	26,49	1,84	44,04
122	58,62	97	27,02	1,85	44,50
123	58,62	98	27,20	1,87	44,65
124	60,02	99	27,73	1,88	45,11
125	60,37	100	27,91	1,89	45,26
127	61,42	102	28,44	1,90	45,72
128	61,77	103	28,62	1,92	45,87
129	62,81	104	29,15	1,93	46,32
130	63,16	105	29,33	1,94	46,47
132	64,21	107	29,87	1,95	46,93
133	64,56	108	30,05	1,97	47,08
134	65,61	109	30,58	1,98	47,54
135	65,96	110	30,76	1,99	47,69
137	67,00	112	31,29	2,01	48,15
138	67,35	113	31,47	2,02	48,30
140	68,40	114	32,00	2,03	48,76
141	68,75	115	32,18	2,04	48,91
142	69,80	117	32,71	2,06	49,37
144	70,15	118	32,89	2,07	49,52
145	71,19	119	33,42	2,08	49,98
146	71,54	120	33,60	2,09	50,13

HANCHES		TAILLE		GRANDEUR	
CM	INDICE A	CM	INDICE B	M	INDICE C
147	72,59	122	34,13	2,11	50,59
149	72,94	123	34,31	2,12	50,74
150	73,99	124	34,84	2,13	51,20
151	74,34	125	35,02	2,15	51,35
152	75,39	127	35,56	2,16	51,81

Exemple: une femme mesurant 1,63 m dont le tour des hanches est de 94 cm et le tour de taille, 71 cm.

43,25 (indice A) + 19,91 (indice B) = 63,16

63,16 – 39,01 (indice C) = 24,15

Le pourcentage de la masse grasse de cette femme est de 24,15 %.

CALCUL DE LA MASSE GRASSE DES HOMMES

- Prenez la mesure de vos deux poignets (au niveau de l'articulation) pour en faire la moyenne, et celle de votre taille en centimètres;
- Prenez votre poids en kilos;
- Soustrayez la mesure moyenne de vos deux poignets à celle de votre taille. Ce résultat et le poids sont les deux points de repère du tableau suivant).

Tableau de pourcentage de gras pour les hommes

TAILLE moins POIGNETS (cm)	56	57	58	60	61	62	63	65	66
POIDS (kg)									
55	4	6	8	10	12	14	16	18	20
57	4	6	7	9	11	13	15	17	19
59	3	5	7	9	11	12	14	16	18
61	3	5	7	8	10	12	13	15	17
63	3	5	6	8	10	11	13	15	16
65	3	4	6	7	9	11	12	14	15
68	2	4	6	7	9	10	12	13	15
70	2	4	5	6	8	10	11	13	14
72	2	4	5	6	8	9	11	12	14
74	2	3	5	6	8	9	10	12	13
77	2	3	4	6	7	9	10	11	13
79	2	3	4	6	7	8	10	11	12
81	1	3	4	5	7	8	9	10	12
83	1	3	4	5	6	8	9	10	11
86	1	2	4	5	6	7	8	10	11
88	1	2	3	5	6	7	8	9	11
90	1	2	3	4	6	7	8	9	10
92	1	2	3	4	5	6	8	9	10
95	1	2	3	4	5	6	7	8	9
97	1	2	3	4	5	6	7	8	9
99	0	2	3	4	5	6	7	8	9
101	0	1	2	3	4	6	7	8	9
104	0	1	2	3	4	5	6	7	8
106	0	1	2	3	4	5	6	7	8
108	0	1	2	3	4	5	6	7	8
111	0	1	2	3	4	5	6	7	8

113	0	1	2	3	4	5	6	6	7
115	0	1	2	3	3	4	5	6	7
117	0	1	2	2	3	4	5	6	7
120	0	1	1	2	3	4	5	6	7
122	0	1	1	2	3	4	5	6	7
124	0	0	1	2	3	4	5	5	6
127	0	0	1	2	3	4	4	5	6
129	0	0	1	2	3	4	4	5	6
131	0	0	1	2	3	3	4	5	6
133	0	0	1	2	2	3	4	5	6
136	0	0	1	2	2	3	4	5	5

TAILLE moins POIGNETS (cm)	**67**	**69**	**70**	**71**	**72**	**74**	**75**	**76**	**77**
POIDS (kg)									
55	21	23	25	27	29	31	33	35	37
57	20	22	24	26	28	30	32	33	35
59	20	21	23	25	27	28	30	32	34
61	19	20	22	24	26	27	29	31	32
63	18	19	21	23	24	26	28	29	31
65	17	19	20	22	23	25	27	28	31
68	16	18	19	21	23	24	26	27	29
70	16	17	19	20	22	23	25	26	28
72	15	17	18	19	21	22	24	25	27
74	15	16	17	19	20	22	23	24	26
77	14	15	17	18	19	21	22	24	25
79	13	15	16	17	19	20	21	23	24
81	13	14	16	17	18	19	21	22	23
83	13	14	15	16	18	19	20	21	23
86	12	13	15	16	17	18	19	21	22
88	12	13	14	15	16	17	18	19	21
90	11	12	14	15	16	17	18	19	21

92	11	12	13	14	15	17	18	19	20
95	11	12	13	14	15	16	17	18	19
97	10	11	12	13	15	16	17	18	19
99	10	11	12	13	14	15	16	17	18
101	10	11	12	13	14	15	16	17	18
104	9	10	11	12	13	14	15	16	17
106	9	10	11	12	13	14	15	16	17
108	9	10	11	12	13	14	15	16	17
111	9	9	10	11	12	13	14	15	16
113	8	9	10	11	12	13	14	15	16
115	8	9	10	11	12	13	14	14	15
117	8	9	10	10	11	12	13	14	15
120	8	8	9	10	11	12	13	14	15
122	7	8	9	10	11	12	13	13	14
124	7	8	9	10	11	11	12	13	14
127	7	8	9	9	10	11	12	13	14
129	7	8	8	9	10	11	12	12	13
131	7	7	8	9	10	11	11	12	13
133	6	7	8	9	10	10	11	12	13
136	6	7	8	9	9	10	11	12	12

TAILLE moins POIGNETS (cm)	**79**	**80**	**81**	**83**	**84**	**85**	**86**	**88**	**89**
POIDS (kg)									
55	39	41	43	45	47	49	50	52	54
57	37	39	41	43	45	46	48	50	52
59	36	37	39	41	43	44	46	48	50
61	34	36	38	39	41	43	44	46	48
63	33	34	36	38	39	41	43	44	46
65	31	33	35	36	38	39	41	43	44
68	30	32	33	35	36	38	40	41	43
70	29	31	32	34	35	37	38	40	41

72	28	30	31	33	34	35	37	38	40
74	27	29	30	31	33	34	36	37	38
77	26	28	29	30	32	33	34	36	37
79	25	27	28	29	31	32	33	35	36
81	25	26	27	28	30	31	32	34	35
83	24	25	26	28	29	30	31	33	34
86	23	24	26	27	28	29	30	32	33
88	22	24	25	26	27	28	30	31	32
90	22	23	24	25	26	28	29	30	31
92	21	22	23	25	26	27	28	29	30
95	21	22	23	24	25	26	27	28	29
97	20	21	22	23	24	25	26	28	29
99	19	20	22	23	24	25	26	27	28
101	19	20	21	22	23	24	25	26	27
104	18	19	20	21	22	23	24	25	26
106	18	19	20	21	22	23	24	25	26
108	17	18	19	20	21	22	23	24	25
111	17	18	19	20	21	22	23	24	25
113	17	18	18	19	20	21	22	23	24
115	16	17	18	19	20	21	22	23	24
117	16	17	18	19	19	20	21	22	23
120	15	16	17	18	19	20	21	22	22
122	15	16	17	18	19	19	20	21	22
124	15	16	16	17	18	19	20	21	22
127	14	15	16	17	18	19	19	20	21
129	14	15	16	17	17	18	19	20	21
131	14	15	15	16	17	18	19	19	20
133	14	14	15	16	17	17	18	19	20
136	13	14	15	16	16	17	18	19	19

TAILLE moins POIGNETS (cm)	**90**	**91**	**93**	**94**	**95**	**97**	**98**	**99**	**100**
POIDS (kg)									
55	56	58	60	62	64	66	68	70	70
57	54	56	58	59	61	63	65	67	69
59	52	53	55	57	59	61	62	64	66
61	50	51	53	55	56	58	60	62	63
63	48	49	51	53	54	56	58	59	61
65	46	47	49	51	52	54	55	57	59
68	44	46	47	49	50	52	53	55	57
70	43	44	46	47	49	50	52	53	55
72	41	43	44	46	47	48	50	51	53
74	40	41	43	44	45	47	48	50	51
77	39	40	41	43	44	45	47	48	49
79	37	39	40	41	43	44	45	47	48
81	36	37	39	40	41	43	44	45	47
83	35	36	38	39	40	41	43	44	45
86	34	35	37	38	39	40	41	43	44
88	33	34	35	37	38	39	40	41	43
90	32	33	35	36	37	38	39	40	41
92	31	32	34	35	36	37	38	39	40
95	30	32	33	34	35	36	37	38	39
97	30	31	32	33	34	35	36	37	38
99	29	30	31	32	33	34	35	36	37
101	28	29	30	31	32	33	34	35	36
104	27	28	30	31	32	33	34	35	36
106	27	28	29	30	31	32	33	34	35
108	26	27	28	29	30	31	32	33	34
111	26	27	27	28	29	30	31	32	33
113	25	26	27	28	29	30	31	31	32
115	24	25	26	27	28	29	30	31	32
117	24	25	26	27	27	28	29	30	31

120	23	24	25	26	27	28	29	29	30
122	23	24	25	25	26	27	28	29	30
124	22	23	24	25	26	27	27	28	29
127	22	23	24	24	25	26	27	28	29
129	21	22	23	24	25	26	26	27	28
131	21	22	23	23	24	25	26	27	27
133	21	21	22	23	24	25	25	26	27
136	20	21	22	22	23	24	25	26	26

TAILLE moins POIGNETS (cm)	**102**	**103**	**104**	**105**	**107**	**108**	**109**	**110**	**112**
POIDS (kg)									
55	74	76	77	79	81	83	85	87	89
57	71	72	74	76	78	80	82	84	85
59	68	69	71	73	75	77	78	80	82
61	68	67	68	70	72	74	75	77	79
63	63	64	66	68	69	71	72	74	76
65	60	62	63	65	67	68	70	71	73
68	58	60	61	63	64	66	67	69	70
70	56	58	59	61	62	64	65	67	68
72	54	56	57	59	60	61	63	64	66
74	52	54	55	57	58	60	61	62	64
77	51	52	54	55	56	58	59	60	62
79	49	51	52	53	55	56	57	59	60
81	48	49	50	52	53	54	56	57	58
83	46	48	49	50	51	53	54	55	56
86	45	46	48	49	50	51	52	54	55
88	44	45	46	47	49	50	51	52	53
90	43	44	45	46	47	48	50	51	52
92	41	43	44	45	46	47	48	49	51
95	40	42	43	44	45	46	47	48	49
97	39	40	42	43	44	45	46	47	48

99	38	39	41	42	43	44	45	46	47
101	37	38	40	41	42	43	44	45	46
104	37	38	39	40	41	42	43	44	45
106	36	37	38	39	40	41	42	43	44
108	35	36	37	38	39	40	41	42	43
111	34	35	36	37	38	39	40	41	42
113	33	34	35	36	37	38	39	40	41
115	33	34	34	35	36	37	38	39	40
117	32	33	34	35	35	36	37	38	39
120	31	32	33	34	35	36	36	37	38
122	31	31	32	33	34	35	36	37	37
124	30	31	32	32	33	34	35	36	37
127	29	30	31	32	33	33	34	35	36
129	29	30	30	31	32	33	34	34	35
131	28	29	30	31	31	32	33	34	35
133	28	28	29	30	31	32	32	33	34
136	27	28	29	29	30	31	32	33	33

TAILLE moins POIGNETS (cm)	**113**	**114**	**115**	**117**	**118**	**119**	**120**	**122**	**123**
POIDS (kg)									
55	91	93	95	97	99	99	99	99	99
57	87	89	91	93	95	96	98	99	99
59	84	86	87	89	91	93	94	96	98
61	80	82	84	86	87	89	91	92	94
63	77	79	81	82	84	86	87	89	91
65	75	76	78	79	81	83	84	86	87
68	72	74	75	77	78	80	81	83	84
70	70	71	73	74	76	77	79	80	82
72	67	69	70	72	73	75	76	77	79
74	65	67	68	69	71	72	74	75	76
77	63	64	66	67	69	70	71	73	74

79	61	63	64	65	66	68	69	70	72
81	59	61	62	63	65	66	67	68	70
83	58	59	60	61	63	64	65	66	68
86	56	57	58	60	61	62	63	65	66
88	55	56	57	58	59	60	62	63	64
90	53	54	55	57	58	59	60	61	62
92	52	53	54	55	56	57	58	60	61
95	50	51	53	54	55	56	57	58	59
97	49	50	51	52	53	54	56	57	58
99	48	49	50	51	52	53	54	55	56
101	47	48	49	50	51	52	53	54	55
104	46	47	48	49	50	51	52	53	54
106	45	46	47	48	49	50	51	51	52
108	44	45	46	46	47	48	49	50	51
111	43	44	44	45	46	47	48	49	50
113	42	43	44	44	45	46	47	48	49
115	41	42	43	44	44	45	46	47	48
117	40	41	42	43	43	44	45	46	47
120	39	40	41	42	43	43	44	45	46
122	38	39	40	41	42	43	43	44	45
124	38	38	39	40	41	42	43	43	44
127	37	38	38	39	40	41	42	43	43
129	36	37	38	39	39	40	41	42	43
131	35	36	37	38	39	39	40	41	42
133	35	36	36	37	38	39	39	40	41
136	34	35	36	36	37	38	39	39	40

Consultez le Tableau de pourcentage de gras pour les hommes. Cherchez la colonne du résultat «taille moins poignets» correspondant et la ligne du poids. Le nombre à l'intersection des deux éléments représente le pourcentage de gras.

À titre d'exemple, un homme dont la moyenne du tour de ses poignets est de 18 cm et le tour de taille 97 cm, et qui pèse 75 kg a un pourcentage de 27 %.

Pourcentage de masse grasse raisonnable

ÂGE	FEMMES	HOMMES
10 à 30	20 à 26 %	12 à 18 %
31 à 40	21 à 27 %	13 à 19 %
41 à 50	22 à 28 %	14 à 20 %
51 à 60	22 à 30 %	16 à 20 %
61 et +	22 à 31 %	17 à 21 %

CALCUL DE LA MASSE MAIGRE

Pour connaître le poids de notre masse maigre, il suffit de prendre notre poids, de le multiplier par le pourcentage de gras (ce qui nous donne le poids de la masse grasse). Le résultat de cette opération doit être soustrait à notre poids pour obtenir le poids de notre masse maigre.

Notre exemple féminin pèse 58 kg, et son pourcentage de gras est évalué à 24 %. En faisant la multiplication 58 x 0,24 = 13,92 kg, on obtient le poids de sa masse grasse. Pour connaître le poids de sa masse maigre, on n'a qu'à soustraire le poids de sa masse grasse de son poids total. Ainsi, 58 – 13,92 = 44 kg.

Notre exemple masculin pèse 75 kg et son pourcentage de gras est évalué à 27 %. En multipliant son poids, 75 kg, par son pourcentage de gras, 27 %, cela nous donne le poids de sa masse grasse. On soustrait alors de son poids total, 75 kg, le poids de sa masse grasse, 20,18 kg, et on obtient le poids de sa masse maigre, soit 54,82 kg.

Pourquoi faire tant de chichis avec la masse maigre et la masse grasse? Parce que c'est le poids de la masse maigre qui permet de déterminer le poids santé correspondant à votre condition et qui est l'indicateur principal des besoins nutritionnels quotidiens en protéines.

Voici le dernier calcul pour trouver votre poids santé idéal.

Exemple féminin

- Femme âgée de 41 ans
- Poids de la masse maigre: 41 kg
- Pourcentage de la masse grasse raisonnable: de 22 à 28 %
- Soustraire chacun des pourcentages raisonnables de 100: 100 % – 22 % = 78 %; 100 % – 28 % = 72 %

- Diviser le poids de la masse maigre par ces résultats:
  41 / 78 = 0,52; 41 / 72 = 0,57

- Multiplier ces nouveaux résultats par 100:
  0,52 x 100 = 52; 0,57 x 100 = 57

Le poids idéal de cette femme se situe entre 52 et 57 kg.

Exemple masculin

- Homme âgé de 33 ans

- Poids de la masse maigre: 55 kg

- Pourcentage de la masse maigre raisonnable: de 13 à 19 %

- Soustraire chacun des pourcentages de 100:
  100 – 13 = 87; 100 – 19 = 81

- Diviser le poids de la masse maigre par les deux résultats précédents:
  55 / 87 = 0,63; 55 / 81 = 0,67

- Multiplier par 100 ces nouveaux résultats:
  0,63 x 100 = 63; 0,67 x 100 = 67

Le poids idéal de cet homme se situe entre 63 et 67 kg.

L'ARBRE GÉNÉALOGIQUE

L'hérédité jouant un rôle déterminant dans notre définition corporelle, il importe d'agrandir le cercle de nos observations et de dresser un tableau représentatif des maladies caractéristiques de notre famille. Tout comme le médecin qui s'enquiert de nos antécédents médicaux, nous devons trouver les problèmes de santé dont souffrent nos proches.

Les critères à prendre en considération pour vérifier notre prédisposition à un dysfonctionnement insulinique sont:

1. Vous souffrez ou avez souffert d'hypertension,
   Vous souffrez ou avez souffert d'une maladie cardiaque,
   Vous souffrez ou avez souffert du diabète;

Marquez 6 points pour chaque réponse affirmative.

2. Vous faites de l'hypertension,
   Vous avez un excès de poids localisé aux hanches et aux cuisses,
   Vous avez un taux de cholestérol élevé,
   Vous faites de la rétention d'eau,
   Vous avez des rages de sucré;

Marquez 10 points pour chaque réponse affirmative.

3. Vous avez un excès de poids localisé dans la région abdominale,
   Votre taux de triglycérides est élevé,
   Votre pourcentage de LDL (mauvais cholestérol) est élevé;

Marquez 20 points pour chaque réponse affirmative.

4. Vous avez développé un diabète à l'âge adulte ou pendant une grossesse.

Marquez 40 points si tel est le cas.

Faites le total des points accumulés.

Si le total des points est inférieur à 20, les risques de développer un problème relatif à l'insuline sont faibles.

Si le total des points se situe entre 20 et 30, les risques sont moyens.

Si le total des points se situe entre 30 et 40, les risques sont élevés.

Si le total des points est supérieur à 40, vous avez un dérèglement insulinique.

LA BATTERIE DE TESTS!

Par ailleurs, si vous voulez pousser l'investigation pour en avoir le cœur net, il n'y a rien comme une bonne visite chez son médecin. Au cours de cet entretien, en plus de vous soumettre à un examen général, vous pouvez en profiter pour lui poser toutes les questions qui vous tracassent. À la lumière des constatations et des réponses de votre médecin, vous pourrez évaluer avec lui la pertinence de passer d'autres tests plus approfondis en vous rendant dans un laboratoire privé ou à la clinique externe d'un hôpital.

Quelques échantillons sanguins suffisent habituellement pour permettre aux techniciens de dessiner votre profil biochimique, c'est-à-dire connaître votre taux de glucose (indice précieux pour détecter le diabète), de lipides (HDL ou bon cholestérol, LDL ou mauvais cholestérol), de triglycérides, d'acide urique, d'enzymes (pour le bon fonctionnement du foie), de potassium (essentiel à la synthèse des glucides et des protéines), etc., ainsi que votre profil hématologique, c'est-à-dire les proportions de globules blancs et de globules rouges, de même qu'une vérification de la pigmentation de l'hémoglobine de ces derniers.

On peut également en profiter pour passer un électrocardiogramme au repos et un autre à l'effort (pour observer le comportement de votre cœur lorsqu'il est sollicité ou non et pour en vérifier l'état), un test d'urine afin de déceler la présence de sucre et, à la rigueur, faire une petite visite au département de médecine nucléaire pour passer la glande thyroïde au crible.

Si vous désirez entreprendre un nouveau programme nutritionnel axé sur la revalorisation des protéines et la limitation des hydrates de carbone, il serait bon d'en parler avec votre médecin au cours de cette visite et de lui mentionner que des problèmes récurrents ou permanents comme l'hypertension, la rétention d'eau, l'hypercholestérolémie et le diabète de type II peuvent être dissipés et se résorber en quelques semaines.

Chapitre 3

Les plans d'attaque

Les différents programmes nutritionnels qui vous sont présentés dans les prochains chapitres sont tous basés sur une philosophie qui entraîne des changements profonds dans la manière de concevoir le geste alimentaire. Ils obligent à la réflexion, à la compréhension du fonctionnement de son propre corps, à la conscientisation de l'impact des choix alimentaires sur ce dernier et à une prise de décision volontaire quant à l'adoption d'un nouveau plan de vie. Quoi? Oui, un nouveau plan de vie!

L'AMPLEUR DU CHANGEMENT

On ne se rend pas réellement compte des conséquences de notre style de vie sur nos habitudes alimentaires; entre autres, les horaires chargés de la vie actuelle incitent les gens à consacrer de moins en moins de temps à la cuisine. Résultat: les congélateurs sont bien garnis de mets industriels précuisinés, de pizzas, et les repas vite faits — comme des plats de pâtes apprêtées avec des sauces commerciales, des sandwichs accompagnés de croustilles et d'une boisson gazeuse, un morceau de viande cuit rapidement dans la poêle et servi avec des légumes en conserve — composent principalement les menus. Pourtant, on n'est pas sans savoir que les produits industriels contiennent de nombreuses substances ajoutées pour la conservation et le rehaussement du goût (comme le sel, le sucre, le glutamate monosodique pour ne citer que ceux-ci) qui, à la longue, peuvent avoir des effets néfastes sur l'organisme. Mais l'engouement pour la préparation rapide a nettement pris le dessus et s'est ancré dans la façon de faire collective. C'est pourquoi il est si difficile de «se réhabiliter» sur le plan nutritionnel. Renverser la vapeur exige des efforts constants doublés d'une volonté de fer. Il suffit d'aller à l'épicerie et de lire simplement la description du contenu des aliments que l'on achète régulièrement pour constater l'omniprésence des ingrédients à éviter. Cette petite lecture permet de voir à quel point la seule décision de couper sa consommation de sucre de moitié, par exemple, occasionne des modifications considérables dans la composition de son panier d'épicerie. Alors, imaginez quand on envisage une restructuration globale de son régime alimentaire!

Certains peuvent être désespérés à l'idée de ne plus pouvoir manger de pain à leur guise ou de devoir faire un trait sur les sucreries quotidiennes dont ils raffolent et qui les comblent tant! Mais c'est précisément sur ce point qu'il faut insister, affirment les défenseurs de ces nouveaux plans nutritionnels: le changement chimique qui s'opère à l'intérieur de l'organisme à mesure que le sevrage des hydrates de carbone s'effectue efface le désir et les rages incontrôlables de sucré. Le corps ne se tourmente plus et ne commande plus le goût effréné de sucre parce que ses besoins sont comblés et son métabolisme est réglé par l'équilibre de nutriments adéquats. C'est ainsi qu'on explique qu'il n'y a plus de sentiment de privation parce que l'organisme n'envoie plus de signal de manque qui donne l'envie de s'empiffrer.

D'autres peuvent aussi hésiter à orienter leurs choix vers des aliments de culture organique ou biologique en raison de leur prix plus élevé. Encore une fois, on peut faire l'exercice de comparer les coûts des médicaments que l'on consomme pour régler des problèmes qui sont directement reliés à l'alimentation (anti-acides, hypocholestérolémiants, diurétiques, hypotenseurs, surplus vitaminiques, etc.) et s'apercevoir que le budget mensuel pourrait également en ressentir des bienfaits insoupçonnés.

Dans les programmes nutritionnels proposés, on nous rappelle sans cesse le message des spécialistes en diététique et en nutrition: l'alimentation n'est pas un compartiment de la vie. L'alimentation est une activité essentielle à la survie et un élément déterminant sur la qualité du bien-être physique, psychologique et mental.

Chapitre 4
Le protein power plan

Le plan proposé par les docteurs Mary Dan Eades et Michael R. Eades, qui s'intéressent au phénomène de la perte de poids depuis de nombreuses années et qui reconnaissent le lien indéniable entre le dérèglement insulinique et la surconsommation des hydrates de carbone, favorise la réintégration des protéines en quantité suffisante dans l'alimentation quotidienne. Ils insistent surtout sur le fait qu'il ne s'agit pas d'un programme hyperprotéiné, mais d'un programme nutritionnel basé sur la quantité adéquate de protéines selon les besoins réels de l'organisme.

Au fil des années, ces médecins ont appliqué leurs principes en les expérimentant d'abord sur eux-mêmes, puis sur des patients venus les consulter dans leur clinique. La constance des résultats obtenus ne laisse plus aucun doute dans leur esprit. En plus de faire perdre du poids, le réajustement alimentaire qu'ils suggèrent réduit le taux de cholestérol, diminue la présence des triglycérides, abaisse l'hypertension et normalise le taux du sucre dans le sang. Sans négliger le fait que d'autres maux comme les douleurs dorsales ou aux jambes dues à une surcharge de poids, la rétention d'eau, le manque d'énergie et la déprime s'évanouissent la plupart du temps à mesure que les kilos superflus disparaissent.

Voici donc les grandes lignes du programme des docteurs Eades.

1. Évaluer ses besoins en protéines (voir la méthode de calcul à la page 79) pour permettre une bonne composition des repas. Privilégier le poisson, la volaille, la viande rouge, les fromages à faible teneur en gras (cottage, feta, mozzarella), les œufs et le tofu.

2. Consommer un maximum de 30 g d'hydrates de carbone répartis sur les trois repas quotidiens pendant la phase d'amaigrissement, et un maximum de 55 g si on n'a pas nécessairement beaucoup de poids à perdre ou qu'on vise l'amélioration de son alimentation et de sa santé. (Ceux qui ont beaucoup de kilos à perdre doivent atteindre le poids visé avant de consommer cette quantité quotidienne.) Préférer les légumes à feuilles vertes (laitue, épinard, cresson, persil), la tomate, le poivron, l'avocat, le brocoli, l'asperge, le céleri, le concombre, les champignons, le zucchini et l'aubergine.

3. Viser une consommation de 25 g de fibres quotidiennement.

4. Choisir de bonnes sources de gras comme l'huile d'olive, les huiles de noix, l'avocat et... le beurre! Dans un contexte de restrictions glucidiques, l'organisme va puiser son énergie dans les matières grasses.

5. Boire au moins huit verres d'eau par jour.

6. Prendre des repas réguliers et grignoter si la faim vous tenaille entre les repas. (Ne pas oublier de comptabiliser les hydrates de carbone ingérés s'il y a lieu.)

7. Boire un verre de vin ou une bière légère est correct, à condition de ne pas oublier de comptabiliser les hydrates de carbone qu'ils représentent.

8. S'assurer de prendre 90 mg de potassium tous les jours.

9. Les substituts de sucre et les boissons diète sont acceptables, avec modération.

10. Couper temporairement le sucre, les féculents, les pommes de terre, les légumineuses (à l'exception de celles qui sont vertes) et le maïs. Les desserts permis se limitent aux fruits sauvages, aux pêches, au melon et au Jell-O sans sucre.

11. Faire de l'exercice physique visant à améliorer la résistance.

12. Dans le doute, opter pour un mets composé de poisson, de volaille ou d'un morceau de viande maigre accompagné d'une salade.

Naturellement, si vous prenez des médicaments pour contrôler votre taux de cholestérol, votre hypertension, votre taux de sucre sanguin ou votre rétention d'eau, si vous êtes enceinte, ou si vous souffrez d'un embonpoint sérieux, les spécialistes recommandent chaudement le suivi du médecin traitant afin d'observer étroitement les changements qui surviennent et qui mènent, plus souvent qu'autrement, à la diminution et à l'abandon de certaines médications en quelques semaines seulement.

CONNAÎTRE VOS BESOINS

La clé de ce plan nutritionnel basé sur une consommation adéquate des protéines réside justement dans la détermination des besoins réels de ces nutriments selon votre constitution. Pour ce faire, vous devez tenir compte de deux éléments: le poids de la masse maigre (obtenu selon la méthode de calcul à la page 64), celle-ci étant la partie active de notre corps qui consomme l'énergie pour accomplir toutes les tâches métaboliques vitales, et votre niveau d'activité. Il faut savoir que chaque kilo de masse maigre d'une personne moyennement active, c'est-à-dire qui s'adonne à environ 30 minutes d'exercice deux ou trois fois par semaine, requiert 1,3 g de protéine chaque jour.

- **Les différents profils correspondent à certains critères**

Sédentaire

Ne pratique aucune activité physique. Le besoin de protéines par kilo de masse maigre est de 1,1 g.

Moyennement actif
De 20 à 30 minutes d'exercice deux ou trois fois par semaine. Le besoin de protéines par kilo de masse maigre est de 1,3 g.

Actif
Plus de 30 minutes d'exercice de trois à cinq fois par semaine. Le besoin de protéines par kilo de masse maigre est de 1,5 g.

Très actif
Une heure d'exercice ou d'activité vigoureuse de cinq à sept fois par semaine. Le besoin de protéines par kilo de masse maigre est de 1,8 g.

Athlétique
Entraînement physique rigoureux quotidien nécessitant plus d'une heure d'activité tous les jours. Le besoin de protéines par kilo de masse maigre est de 2,0 g.

***

Après avoir trouvé votre niveau d'activité, prenez le poids de votre masse maigre et multipliez-le par le nombre de grammes de protéines équivalant à votre profil.

• Un programme en deux phases

Tout comme la méthode de Michel Montignac, le plan nutritionnel proposé par les docteurs Eades comporte deux phases: la période d'amaigrissement et la période du maintien.

C'est la condition physique et l'état de santé qui indiquent le point de départ.

La phase 1, qui ne doit pas inclure plus de 30 g d'hydrates de carbone quotidiennement, s'adresse aux personnes devant se plier à un réajustement plutôt draconien de la production insulinique à cause de l'un ou l'autre ou d'une combinaison de l'un des problèmes suivants: excès de poids de 20 % ou plus (en d'autres termes, vous devez perdre plus de 20 % de votre poids actuel pour atteindre votre poids idéal), hypertension, hypercholestérolémie, triglycérides élevés, diabète de type II, intolérance au glucose. Généralement sous médication, ces personnes devraient suivre les consignes de la phase 1 tant et aussi longtemps que leur situation n'est pas revenue à la normale. Ce niveau de stabilité atteint, on recommande d'observer la phase 1 pendant encore quatre semaines avant de passer à la phase 2.

La phase 2, qui limite la consommation d'hydrates de carbone à 55 g quotidiennement, permet de poursuivre la réalisation des fonctions métaboliques sans entraves et d'affiner la restructuration corporelle. Quand vous arrivez à cette étape, vous êtes prêt pour le maintien: tous les désordres mentionnés à la phase 1 se sont résorbés ou presque, de sorte que vous avez modéré ou cessé vos médicaments. Il vous reste tout au plus 5 % de masse grasse à perdre pour parvenir à votre poids idéal. Les gens satisfaits de leur poids qui ne souffrent pas de dérèglements métaboliques particuliers, mais qui désirent redéfinir leur masse corporelle (plus de masse maigre, moins de gras), peuvent commencer le programme directement à ce stade-ci. Il ne s'agit pas d'un jeu de mots dans le cas présent: une perte de gras n'implique pas obligatoirement de perte de poids sur le pèse-personne! Dans ce cas, un morceau de vêtement (un jeans, une jupe ou une chemise ajustée) permet de mesurer plus fidèlement la perte de gras que l'oscillation fébrile de l'aiguille du pèse-personne qui pointe toujours le poids global sans indiquer les changements de proportions de la masse maigre et de la masse grasse. Cette technique toute simple d'évaluation du volume corporel aide à se débarrasser enfin de l'obsession du pèse-personne.

Les tableaux de quantité effective d'hydrates de carbone présentés dans les petits guides spécialisés sont un outil qui facilite énormément la composition des repas et la juste répartition des quantités dans vos assiettes, puisque vous y trouvez tous les aliments mesurés de façon à équivaloir à des portions de 5, 10, 15, 20 et 25 g d'hydrates de carbone. Toutes les permutations d'aliments sont permises pour autant que le total d'hydrates de carbone ne dépasse pas les limites prévues. À vous de choisir et n'oubliez pas que plus les aliments sont près de leur état naturel, plus ils renferment de vitamines, de minéraux et de fibres dont votre organisme a besoin.

Comme les trois repas de la journée sont censés pourvoir amplement aux exigences énergétiques de votre système, les petites collations d'après-midi ou de soirée s'avèrent de trop, surtout en phase 1. Toutefois, si vous êtes à la phase 2, lorsque la faim vous tenaille, vous pouvez l'apaiser en optant toujours pour des aliments qui fournissent des nutriments de qualité et en n'oubliant pas d'intégrer les quelques glucides ingérés dans le total de votre ration quotidienne. Collation n'est pas synonyme de *junk food* ou de «cochonnerie», pour employer une expression qui définit bien ce que l'on a tendance à associer avec ce genre de petit goûter.

LE MAINTIEN PERMANENT

Après plusieurs semaines d'encadrement serré servant à apporter des correctifs et des modifications fondamentales dans la chimie de l'organisme, voici qu'arrive le temps de le stabiliser. Le passage de la phase 2 à une situation d'équilibre permanent s'effectue par l'augmentation très graduelle de la consommation des hydrates de carbone, c'est-à-dire par fragment de 10 g pendant une semaine jusqu'à ce que vous rejoigniez la barre maximum permise dans votre cas, en l'occurrence l'équivalent du nombre de grammes de protéines. Par exemple, si vos besoins quotidiens en protéines sont de 75 g, il vous faudra prendre deux semaines pour accéder à ce nouveau ratio: en phase 2, vous avez droit à 55 g d'hydrates de carbone par jour. La première semaine, vous augmentez donc votre consommation de 10 g et, la seconde, vous ajoutez 10 g.

Souvenez-vous de cette règle: la quantité d'hydrates de carbone que vous ingérez chaque jour ne doit jamais dépasser la quantité de protéines, le maximum d'hydrates de carbone auquel vous avez droit étant égal au nombre de grammes de protéines dont vous avez besoin. Seules les personnes très actives physiquement et les athlètes peuvent se permettre d'avoir une consommation d'hydrates de carbone dépassant tout au plus 30 % celle des protéines. Par exemple, si la ration quotidienne de protéines d'une personne de ce type est de 75 g, elle est donc autorisée à avaler jusqu'à 100 g d'hydrates de carbone.

Il est également conseillé d'échelonner l'ingestion des hydrates de carbone en les répartissant sur les différents repas de la journée au lieu de les regrouper en un seul gueuleton. Il faut se rappeler qu'une charge subite d'hydrates de carbone provoque une réponse équivalente au niveau de la production de l'insuline, et c'est ce qu'il faut éviter. Exceptionnellement, lorsque vous voulez vous offrir une sortie spéciale au restaurant qui implique des écarts de conduite flagrants, il est alors préférable de réserver sa ration d'hydrates de carbone pour essayer de limiter les dégâts et pour en profiter pleinement. Toutefois, il faut se rappeler qu'il vaut mieux ne pas s'adonner à cette pratique, car le prix pourrait en être fort élevé.

Le maintien permanent doit être ressenti comme une relation respectueuse avec son corps. La disparition des problèmes de santé et du surplus de poids devrait, à ce stade-ci, être une source de motivation et de conviction pour continuer à procéder à des choix alimentaires qui renforcent cet état. Le lien intime qui s'est développé entre la personne et son corps lui a fait connaître ses caractéristiques, ses forces, ses faiblesses et ses intolérances. En période de maintien, la personne doit être en mesure de prévoir les réactions et de savoir quelles sont les conséquences de ses choix sur son corps. Chaque organisme a un fonctionnement métabolique et chimique qui lui est spécifique. C'est pourquoi certaines personnes peuvent se permettre une consommation d'hydrates de carbone plus élevée qu'une autre sans pour autant reprendre du poids ou remarquer quelque perturbation, alors que d'autres subissent les affres de la moindre petite déviation. À chacun de reconnaître son profil et d'accepter ses limites!

En plus de nous faire comprendre les influences de la nourriture sur notre propre organisme, l'application des phases 1 et 2 corrige les mauvais plis hormonaux et ravive la sensibilité des récepteurs d'insuline. Le réajustement de la condition interne permet au corps de lancer lui-même des messages différents et de faire sentir ses nouveaux besoins. La personne en situation de maintien n'est plus en lutte psychologique perpétuelle avec la nourriture parce que son organisme régularisé ne lui fait plus ressentir les envies incontrôlables de manger ou les rages de sucré inassouvissables. Le sentiment de satiété allège le «travail volontaire» de gestion alimentaire en enlevant la connotation d'austérité et de privation. Il n'y a pas d'aliments défendus à proprement parler, tout est une question de tolérance, d'organisation et de répartition des quantités.

On peut cependant se permettre de prendre des vacances nutritionnelles tout en étant conscient qu'une interruption prolongée des nouveaux comportements alimentaires ne tarde pas à faire resurgir les anomalies: reprise de poids, montée en flèche des taux de sucre ou de cholestérol dans le sang, hypertension, etc. C'est pourquoi on recommande de sélectionner les occasions de festoyer qui sont les plus importantes à vos yeux (vacances annuelles, temps des fêtes, anniversaires) et de ne pas laisser passer un événement exceptionnel qui ne se produit qu'une fois dans la vie sous prétexte que vous ne pourrez pas en profiter. L'important est de les anticiper avec joie et de les vivre pleinement en sachant qu'il faudra tout simplement faire très attention par la suite. Habituellement, un retour de trois jours à la phase 1 suffit pour perdre le poids accumulé, souvent dû à la rétention d'eau (sinon, continuez la phase 1 jusqu'à ce que vous reveniez à votre poids santé), et le reste de la semaine à la phase 2, pour ensuite retrouver l'équilibre et réintégrer la phase de maintien permanent.

Encore une fois, on insiste pour nous rappeler qu'il vaut mieux ne pas répéter trop fréquemment ce genre d'écart, car nous risquons de nous laisser interpeller de plus en plus souvent et de réveiller de vieilles sensations qui nous empêchent de résister à la tentation.

Chapitre 5

Le plan pour lutter contre la dépendance

Un autre couple de médecins s'intéressent au phénomène de la prise et de la perte de poids; il s'agit de Richard et Rachael Heller, qui ont publié à ce jour sept livres sur la dépendance aux hydrates de carbone. Ils estiment que 75 % des Américains en souffriraient. Par ailleurs, ils considèrent que chez certaines personnes — vraisemblablement une grande majorité — la réaction métabolique de l'organisme aux hydrates de carbone est équivalente à celle que déclenche l'alcool sur un alcoolique, la nicotine sur un fumeur ou la cocaïne sur un toxicomane. Ils soulignent aussi que l'expression «dépendance aux hydrates de carbone» ne vient pas d'eux. Aussi surprenant que cela puisse paraître, ce concept remonte à aussi loin que la fin des années 1940 alors que le docteur T. G. Randolph avait publié un article sur la très grande sensibilité de l'organisme de certaines personnes aux aliments et qui engendrait des symptômes comparables à d'autres substances «accrocheuses».

La dépendance se définit comme étant une incapacité à cesser la consommation d'une substance qui permet de changer rapidement l'humeur ou l'état mental et qui a pour effet de détériorer la santé:

- La substance est consommée en quantité de plus en plus grande et sur des périodes de plus en plus rapprochées;

- Les tentatives entreprises pour couper ou pour cesser la consommation de la substance s'avèrent vaines;

- La personne continue la consommation en dépit du fait qu'elle comprend les dangers auxquels elle s'expose;

- Lorsque la personne s'abstient, des symptômes dus au manque se manifestent et l'encouragent à recourir de nouveau à la substance pour se soulager.

LE CERCLE VICIEUX EST EN MARCHE!

Selon les Heller, trois éléments jouent un rôle important dans le développement d'une dépendance: les facteurs comportemental, environnemental et biologique. Des trois, le dernier est souvent le point de départ. Dans le cas des dépendants aux hydrates de carbone, il ne fait aucun doute, pour eux, que la première intervention doit se faire à ce niveau en corrigeant la production d'insuline. L'hyperinsulinisme est encore une fois l'ennemi à vaincre.

Les Heller se défendent bien de proposer un programme à faible teneur en hydrates de carbone, car ils considèrent les glucides comme essentiels au bon fonctionnement de l'organisme. Ils préconisent plutôt une consommation raisonnable, donc réduite, de ceux-ci, ce qui ne dérègle pas la production insulinique et ne mène pas à l'hyperinsulinisme.

Ils suggèrent un plan misant sur une redistribution des différents nutriments — protéines, lipides, glucides — au cours de la journée.

- Le petit déjeuner (composé principalement d'œufs, de crème sure, de lait et de fromage) et le repas du midi (composé de viande, de tofu ou de légumineuses foncées accompagnés de légumes comme les asperges, la luzerne, le céleri, l'aubergine, les épinards, le brocoli, les champignons, le poivron vert, les olives ou d'une salade arrosée d'une vinaigrette à base d'huile d'olive). Si ces aliments contiennent des hydrates de carbone, ils doivent en avoir une teneur très faible.

Attention au sucre caché et au glutamate monosodique! Lisez bien les étiquettes.

- Le repas du soir est surnommé le «repas récompense» parce qu'il peut englober des aliments renfermant des hydrates de carbone. En réalité, vous pouvez vous offrir votre repas récompense à n'importe quel moment de la journée. Il suffit de respecter les conditions suivantes:

  - Il faut toujours commencer le repas par une salade qui combine différents légumes (environ 2 tasses [500 ml]);

  - Le repas entier doit être consommé à l'intérieur d'une heure;

  - Le repas doit comprendre des parts égales de protéines, d'hydrates de carbone et de légumes à faible teneur en hydrates de carbone. Par exemple, si vous avez au menu du poisson accompagné de brocoli et d'un macaroni au fromage, vous devez avoir un tiers de chaque composante dans votre assiette. (Si vous désirez un dessert, vous devez le comptabiliser dans le tiers alloué aux hydrates de carbone.)

Le repas récompense ne doit cependant pas être perçu comme une occasion de se gaver de tout ce que l'on n'a pas pu s'offrir au cours de la journée.

Sous des apparences inoffensives, certains aliments sont de véritables bombes à glucides. C'est pourquoi il vaut mieux les éviter à cause de leur haute teneur en hydrates de carbone: les différentes sortes de pain (si vous ne pouvez vous en passer, privilégiez les pains faits de farine biologique ou complets), le riz blanc, les pâtes blanches, les sucreries, les gâteaux, les biscuits, les tartes, les fruits et les jus de fruits, la crème glacée, les grignotines comme les bretzels, le maïs soufflé, les croustilles et les noix, les carottes, les pommes de terre, les zucchini et les tomates. Ou encore, gardez-les pour le repas récompense en respectant la règle des trois tiers égaux.

ATTENTION À LA COMPENSATION ÉMOTIONNELLE!

Le fait de manger la plus grande quantité des hydrates de carbone simultanément avec les autres nutriments à l'intérieur d'un temps limité et d'en précéder la consommation par une bonne portion de fibres facilite le processus digestif et freine la concentration de l'impact glucidique.

Graduellement, l'ingestion des hydrates de carbone combinée à une sélection plus équilibrée des différents nutriments provoque les modifications métaboliques et les réajustements chimiques de l'organisme qui calment le goût du sucré et finissent par enrayer totalement les creux ressentis entre les repas.

Les Heller font également une mise en garde particulière en ce qui a trait au lien qui prévaut entre l'envie de manger des aliments à haute teneur en glucides et les émotions. Très souvent, le désir soudain de se mettre quelque chose sous la dent, l'envie constante de grignoter, le réflexe de manger sous-tendent une émotion qui a besoin d'être satisfaite. La compensation émotionnelle par la nourriture est loin d'être un concept nouveau. Les aliments contenant des hydrates de carbone entretiennent cette sensation de satisfaction momentanée de telle sorte qu'on les associe inévitablement au soulagement et au contentement qu'ils procurent. C'est pourquoi il est bon de chercher en soi la cause première qui pousse au geste compulsif.

L'apprentissage du concept de dépendance et des règles nutritionnelles s'y rattachant a permis à des milliers de patients du couple Heller de perdre du poids, de recouvrer leur sentiment de satiété, d'être plus énergiques, de rétablir leur niveau de production insulinique, de mettre un frein à l'hypertension, à l'hypercholestérolémie et à la surcharge glucidique sanguine, de délaisser à court et à moyen termes les médications reliées aux dérèglements énumérés précédemment et, ce qui n'est pas à dédaigner, de regagner une estime de soi perdue depuis de longues années en raison de problèmes physiques.

Toutefois, il s'en trouve pour qui les résultats ne se font pas sentir aussi rapidement. Certaines personnes peuvent même prendre un peu de poids pendant les premières semaines, être irritées, fatiguées et se sentir en état de privation parce qu'elles sont trop préoccupées par la mise en pratique de tous les principes de la méthode. Par contre, malgré les difficultés éprouvées, toutes ces personnes avouent ne plus se sentir affamées entre les repas, ce qui représente déjà un grand pas. D'après les Heller, quand une telle situation se produit, il est important de ne pas porter tous les blâmes. Chaque organisme est unique, répond différemment et a son propre rythme. Il faut alors revoir la liste des aliments mangés au cours de la journée, car les glucides cachés en sont probablement la cause directe. L'ingestion de petites quantités d'hydrates de carbone à un autre moment et dans des conditions différentes de celles du repas récompense suffit à déclencher le processus biologique qui alimente le désir de se gaver.

LIGNES MAÎTRESSES À RETENIR

- Ne manger des aliments à teneur élevée en hydrates de carbone qu'une fois par jour.

- Ne manger les aliments à teneur élevée en hydrates de carbone que pendant le repas récompense.

- Tous les autres aliments consommés pendant la journée ne doivent contenir aucun ou très peu d'hydrates de carbone.

- Le repas récompense est composé de trois tiers, comprenant des parts égales de protéines, d'hydrates de carbone et de légumes à faible teneur en hydrates de carbone.

- S'assurer de manger environ 2 tasses (500 ml) de salade avec vinaigrette avant le repas récompense.

- Une fois le poids objectif atteint, il est possible d'augmenter la portion d'hydrates de carbone du repas récompense une fois par semaine. Poursuivre les jours suivants avec les quantités habituelles. À la fin de la semaine, vérifier son poids. Si l'ajout d'hydrates de carbone n'a pas affecté la perte de poids, il est possible d'augmenter la portion hebdomadaire d'aliments riches en hydrates de carbone jusqu'à ce que le poids se stabilise.

- Une fois le poids stabilisé, diminuer le surplus d'hydrates de carbone hebdomadaire en surveillant l'impact sur le poids.

- Pour contrer tout dérapage, il suffit de revenir à la base, c'est-à-dire l'ingestion des hydrates de carbone au repas récompense en respectant les proportions des trois tiers égaux. Cet équilibre est un facteur déterminant dans la perte de poids.

- Manger un fruit comme collation ou pendant un repas autre que le repas récompense est une erreur. Cette pratique amène nécessairement le dépendant aux hydrates de carbone à ressentir la faim entre les repas et le conduit tout droit vers ses anciennes habitudes.

Ceux qui ont comme objectif premier de perdre du poids peuvent avoir tendance à se décourager, à s'impatienter et à penser ne jamais pouvoir cesser de manger ou de réduire leur consommation de pain, de sucre ou de pâtes. Les tenants de ces différentes méthodes insistent sur le fait que cela peut en effet prendre un certain temps avant que l'organisme s'ajuste. On conseille alors de procéder à des changements graduels, sur une période d'un, deux ou trois ans. Cela permet ainsi de se détacher d'un aliment parfois plus efficacement, car l'organisme s'habitue à fonctionner sans lui. Le sevrage progressif façonne en douceur la nouvelle configuration métabolique de manière à amener l'organisme à ne plus éprouver les mêmes besoins. Effectuez votre virage adroitement en optant désormais pour des aliments qui se rapprochent davantage de la nature. Par exemple, troquez le pain blanc contre le pain complet, puis au pain biologique, lequel vous nourrira en quelques bouchées seulement. Il en va de même pour le riz blanc versus le riz brun, les légumineuses foncées versus les pâles, etc.

Bien sûr, ce résumé n'entre pas dans tous les détails du plan destiné à ceux qui souffrent de dépendance aux hydrates de carbone. Mais si vous avez répondu par l'affirmative à la plupart des questions posées à la page 67, il y a de fortes chances que vous soyez intéressé à en apprendre davantage sur cette forme d'esclavage alimentaire et sur les moyens précis à prendre pour y remédier.

Dans leurs livres, Richard et Rachael Heller élaborent davantage sur tous les préceptes et toutes les subtilités sur lesquels reposent leur théorie et leurs moyens d'intervention. On y trouve également une ribambelle de trucs et de recettes pour simplifier l'application de ce plan dans le quotidien. Chaque ouvrage focalise sur un aspect particulier de la dépendance aux hydrates de carbone. Si vous désirez en connaître plus sur leur plan nutritionnel, lisez *The Carbohydrate Addict's Life Span Program.*

Chapitre 6

Le juste milieu du docteur Sears

Le biochimiste américain Barry Sears, qui a consacré les 25 dernières années de sa vie à l'étude du gras et de son rôle dans la santé des êtres humains, est le mentor d'une philosophie alimentaire qu'il appelle *The Zone Diet.* Ayant comme objectif principal l'optimisation de l'équilibre entre les principales hormones, la mise en pratique de ce plan conduit l'organisme au meilleur de ses capacités physiques, mentales et émotionnelles. Cet état idéal où le corps, le psychique et l'âme conversent harmonieusement est la «zone». D'après le docteur Sears, il est possible d'atteindre ce lieu où la santé — et tout ce qui en découle — connaît son apogée en prenant la route du juste milieu. Ses recherches l'ont amené à contester les recommandations alimentaires faites par les organismes officiels et gouvernementaux chapeautant la nutrition, car la population nord-américaine ne cesse de prendre du poids et d'éprouver des problèmes de santé dus à la fatigue accumulée et à des pertes d'énergie constantes.

Dans son livre *Le juste milieu dans votre assiette*, le docteur Sears accorde, lui aussi, beaucoup d'importance à l'équilibre entre l'insuline et le glucagon, et les considère comme le pivot de l'équilibre hormonal responsable de la clarté d'esprit, de la stabilité de l'humeur et du fonctionnement physique à son meilleur. L'hyperinsulinisme est un ennemi redoutable contre lequel il faut s'acharner, et il n'existe pas des milliers de solutions pour y remédier: l'alimentation est la clé! La consommation adéquate des différents groupes de nutriments aide à tirer le maximum d'énergie contenue dans les réserves de gras. La surconsommation d'un nutriment au détriment d'un autre crée de mauvaises habitudes parfois difficiles à perdre. Le fait de manger quantité d'hydrates de carbone, par exemple, entraîne l'organisme à n'utiliser que les sommes abondantes de glucides de réserve dans le foie et à laisser les graisses s'accumuler.

Barry Sears prône le juste milieu, c'est-à-dire en ingérant des doses proportionnées de protéines, de glucides et de lipides chaque fois que l'on mange, que ce soit au repas principal ou à la collation. Pour ce faire, on doit nécessairement connaître ses besoins personnels en protéines (voir à la page 79).

Une fois que les besoins en protéines sont établis, il suffit de composer son menu en prévoyant des parts correspondant proportionnellement à ces quantités:

une portion de protéines équivaut à 7 g, une portion de glucides équivaut à 9 g et une portion de lipides équivaut à 1 1/2 g.

Ceux qui préfèrent mesurer à l'œil seront ravis de s'en remettre aux trucs suivants:

- Ne jamais consommer plus de protéines à teneur réduite en gras que la grandeur de la paume de la main;

- La quantité de bons glucides du repas (fruits et légumes) devrait correspondre au double du volume des protéines;

- La quantité de mauvais glucides (féculents: pâtes alimentaires, riz, pommes de terre, etc.) devrait correspondre au même volume que celui des protéines.

À l'instar de Michel Montignac, Barry Sears se sert également de la théorie des bons et des mauvais glucides et a recours à l'index glycémique pour déterminer quels aliments sont les plus dommageables à l'équilibre hormonal tant recherché. Les aliments dont l'index glycémique est bas (bons glucides), comme les fruits et les légumes, sont privilégiés, alors que les aliments dont l'index glycémique est élevé (mauvais glucides), comme le pain, les pâtes alimentaires, les pommes de terre, les pâtisseries, les céréales, sont à éviter ou à manger avec discernement.

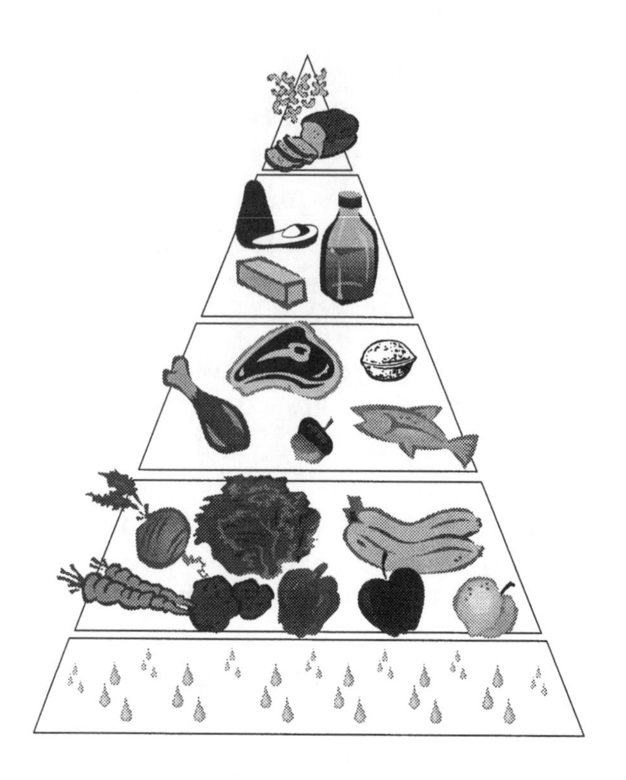

L'arrivage massif de glucides, qui se traduit par une hausse prompte du taux de glucose dans le sang, oblige l'organisme à compenser par une forte poussée d'insuline en très peu de temps. Une fois que tout ce glucose est assimilé, on peut ressentir un coup de barre ou une faim prématurée. Pour assouvir ce creux, il n'est pas rare que l'on choisisse de grignoter un aliment dont l'index glycémique est élevé (sucrerie, muffin, pâtisserie), ce qui encourage une nouvelle offensive insulinique. Et nous voilà repartis pour une autre balade dans les montagnes russes de l'hyperinsulinisme!

Il va sans dire que la philosophie alimentaire que défend Barry Sears n'est pas sans créer de remous au sein des organismes responsables de la publication des guides de nutrition. On n'a qu'à jeter un coup d'œil rapide sur la pyramide alimentaire du biochimiste pour dénoter des oppositions sans équivoque. Le docteur Sears conseille de manger avec modération les aliments qui se trouvent à la pointe de sa pyramide, en l'occurrence les féculents et les céréales, alors que le *Guide alimentaire canadien* recommande d'en consommer à profusion.

Qui croire et comment s'y retrouver? Il y a là matière à réflexion pour encore bien des années à venir!

• Résumé des règles du juste milieu

1. Calculer ses besoins en protéines et les respecter fidèlement.

2. Respecter le rapport des portions égales de protéines et de glucides à chaque repas.

3. La ration quotidienne de protéines doit être répartie entre les trois repas et les deux collations pris dans la journée.

4. Ne pas attendre plus de cinq heures pour manger un repas ou une collation.

5. Privilégier les protéines à faible teneur en matières grasses.

6. Privilégier les fruits et les légumes riches en fibres.

7. Opter pour les gras monoinsaturés.

8. Un repas ne doit pas excéder 500 calories et une collation, 100 calories. Si cette répartition ne permet pas de combler les besoins en protéines, il faut manger plus de trois repas par jour.

9. Boire 1 tasse (250 ml) d'eau ou une boisson décaféinée sans sucre chaque fois que l'on mange.

Chapitre 7

La méthode Michel Montignac

Nous n'entrerons pas dans les détails de la méthode de Michel Montignac, puisqu'elle est abondamment expliquée par son créateur dans une foule d'ouvrages. Mais nous ne pouvons passer sous silence le lien de parenté de celle-ci avec les plans nutritionnels décrits précédemment.

En effet, la méthode Michel Montignac livre, elle aussi, une bataille féroce à la consommation démesurée des hydrates de carbone, plus particulièrement des mauvais glucides, qu'elle tient responsable du dysfonctionnement insulinique et, par conséquent, des rages de faim incontrôlables, de l'emmagasinage du gras, du manque d'énergie et d'une panoplie d'autres problèmes inhérents à l'hyperinsulinisme. Au paramètre glycémique, se conjugue également l'abstention de la combinaison mauvais glucides et lipides au cours d'un même repas (pâtes et viande, sandwich au fromage et à la viande, pain et beurre, etc.) et la suggestion de consommer un aliment à index glycémique élevé (en phase de maintien seulement) en le précédant d'une bonne ration de fibres. Pour contrer l'invasion glucidique, la méthode Montignac mise sur une sélection d'aliments permettant de rétablir l'équilibre entre les protéines, les graisses (qui devraient être d'origine mono- et polyinsaturées) et les hydrates de carbone (préférablement ceux qui ont un index glycémique bas[3]).

Le mérite de cette approche, c'est qu'elle a fait prendre conscience du niveau de la sensibilité au sucre d'un individu, des répercussions dévastatrices que ce facteur peut avoir sur l'organisme d'une personne, et que les aliments gras ne sont pas les seuls coupables de la surcharge pondérale et des désordres qui lui sont généralement attribués.

[3] Le tableau de l'index glycémique des aliments de nature glucidique se trouve, entre autres, dans le livre *Je mange, donc je maigris* (voir la bibliographie à la page 159).

Chapitre 8

L'apport vitaminique

Bien que leur présence soit minime, les micronutriments ont une action dont l'organisme ne saurait se passer pour consolider sa croissance et son fonctionnement optimal. Les vitamines et les minéraux accomplissent ces tâches indispensables, et c'est pourquoi il faut s'assurer que le compte y soit. Une carence, si petite soit-elle, suffit à faire sentir un malaise. Le béribéri (manque de vitamine B_1) et le scorbut (manque de vitamine C) sont des maladies qui n'existent plus dans les pays industrialisés, mais l'anémie (manque de fer) et la décalcification des os (manque de calcium), pour ne citer que ces deux exemples, sont des troubles encore courants malgré toutes les informations disponibles et la grande diversité des produits alimentaires et pharmaceutiques.

On a beau vivre dans l'abondance et avoir tous les aliments ainsi que toutes les substances imaginables à portée de la main, cela ne garantit pas que l'on en fait un usage approprié en fonction de tous les besoins de l'organisme, et ce, en tout temps. À l'opposé, il y a le spectre de l'hypervitaminose qui guette tant les victimes de la désinformation que les «précautionneux» forçant un peu trop la dose ou les hypocondriaques exagérément prévenants. La surconsommation de vitamines peut en effet causer certains problèmes de santé. C'est probablement pour tenter d'éviter ces pièges que tant de gens optent pour les multivitamines!

La prolifération des recherches dans ce domaine a permis de cibler le rendement spécifique de certaines vitamines dans un contexte de maladie précise et de suggérer de nouvelles normes. À titre d'exemple, les scientifiques se sont rendu compte que les quantités recommandées de vitamine E — un antioxydant de premier ordre pour se protéger contre les maladies cardiaques et pour ralentir le vieillissement — devraient être multipliées jusqu'à 10 fois plus que celles prescrites présentement pour en retirer de véritables bénéfices. La dose actuelle étant de 3 mg à 10 mg par jour, on pourrait augmenter sa consommation à 100 mg. (Même si le nombre paraît exorbitant, on est encore très loin de l'hypervitaminose, car il faudrait consommer plus de 1 000 mg de vitamine E pour pénétrer dans la zone de toxicité.)

Dans le cas qui nous préoccupe, c'est-à-dire les désordres métaboliques reliés à la production de l'insuline, certaines vitamines et substances minérales semblent s'avérer particulièrement efficaces. Ces dernières devraient d'ailleurs faire l'objet d'une surveillance plus spéciale de la part des personnes aux prises avec des problèmes semblables afin d'optimiser leur état de santé.

LES VITAMINES ANTIOXYDANTES ET LE COMPLEXE DES VITAMINES B

Un phénomène redoutable à l'origine de nombreuses maladies contre lequel il faut se prémunir est l'oxydation. Cette forme d'altération moléculaire se produit lorsque l'oxygène interrompt l'activité des électrons et brise l'équilibre électrique des cellules qui se trouvent ainsi surchargées de protons. Le surcroît d'énergie positive crée un déséquilibre qui transforme la cellule en radical libre, une cellule très toxique. En d'autres termes, le processus d'oxydation sur une molécule de gras essentiel, par exemple, en modifie la structure de telle sorte que celle-ci porte désormais un mauvais message conduisant à l'épaississement du sang et à d'éventuels problèmes cardiaques, à de l'inflammation articulatoire, à de l'asthme, à de l'urticaire, au vieillissement prématuré des tissus, etc.

Les vitamines C et E ainsi que le bêta-carotène sont sans contredit les armes de prédilection pour la neutralisation des radicaux libres. En véritables gardes du corps, ces vitamines protègent les aliments et certains matériaux organiques de la dégradation par oxydation. Et on sait que les agresseurs favorisant le développement des radicaux libres sont de plus en plus nombreux: les émanations toxiques des industries, les grandes quantités de monoxyde de carbone évacué par les voitures, la fumée des cigarettes, les résidus chimiques dans l'eau, les radiations, les médicaments, sans oublier tous les agents chimiques que l'on trouve dans la nourriture, etc.

D'après certains chercheurs, la présence constante des facteurs oxydants exigent un déploiement extraordinaire des effectifs vitaminiques pour venir à la rescousse de l'organisme harcelé de toutes parts. D'après eux, on ne devrait pas lésiner sur l'envoi de renforts appropriés. Fait surprenant, on recommanderait de faire passer la dose quotidienne actuelle de vitamine C de 30 mg à 60 mg à environ 1 000 mg (soit 1 g), selon le poids de la personne. Cette majoration peut sembler astronomique, mais elle n'est rien comparativement à celle que s'est imposée un éminent scientifique détenteur d'un prix Nobel, le docteur Linus Pauling. En effet, le chercheur, qui a mené à bien plusieurs travaux sur le rôle des vitamines dans la prévention et les traitements de différentes maladies — du rhume au cancer —, a estimé ses propres besoins de vitamine C à 20 000 mg (20 g) par jour, dose qu'il a prise fidèlement jusqu'à sa mort, à l'âge de 93 ans.

Nous ne saurions vous conseiller d'avaler des quantités aussi impressionnantes de vitamines. Toutefois, nous croyons pertinent de vous présenter ces faits afin que vous évaluiez votre propre consommation et que vous vous assuriez d'en pourvoir votre organisme adéquatement.

Rappelons simplement que si vos menus contiennent régulièrement des poivrons rouge et vert, du brocoli, des tomates, du chou cru, des épinards, des agrumes, des fraises, du melon, de la viande et du foie, vos besoins en vitamines ont de grandes chances d'être comblés. Des aliments tels que les carottes, les épinards, le brocoli, les courges, le cantaloup et les abricots sont aussi d'excellentes sources de bêta-carotène, alors que les noix, les graines et leurs huiles génèrent de la vitamine E.

Si votre régime alimentaire ne renferme que peu ou très peu des aliments mentionnés précédemment, vous risquez de développer certaines carences. Il serait opportun de veiller à combler ces manques en révisant vos habitudes alimentaires ou en ayant un apport de suppléments vitaminiques.

Dans un contexte alimentaire focalisant sur le recouvrement de l'équilibre métabolique, les proportions convenables de vitamines du complexe B — dont l'acide folique ou vitamine B_9 particulièrement importante au niveau de la constitution de la masse maigre — jouent un rôle tout aussi capital. (La thiamine, la riboflavine, la niacine et l'acide pantothénique sont d'autres appellations synonymes des différentes vitamines composant le complexe des vitamines B que vous connaissez peut-être davantage.) Les vitamines B font un travail crucial: elles interviennent dans le processus de transformation des protéines, des hydrates de carbone et des lipides en muscles, en enzymes, en énergie et en hormones. Tout comme la vitamine C, les vitamines B sont hydrosolubles (solubles dans l'eau) et, pour cette raison, on doit voir à renouveler leur présence dans l'organisme tous les jours.

Les aliments qui renferment de la vitamine B sont la viande et les abats (le foie et les rognons), le poisson, les fruits de mer, les légumes à feuilles vertes, les avocats, les œufs (surtout le jaune), la levure, le lait et les produits laitiers, de même que certains fruits oléagineux comme les noix, les arachides, les graines de tournesol et de sésame.

LES OLIGOÉLÉMENTS

Les besoins de l'organisme en oligoéléments (ions métalliques) sont variables, de même que leurs sources alimentaires. Leur rôle est indispensable parce qu'ils contribuent à la réalisation de nombreuses réactions chimiques.

Le *fer* est certainement l'un des minéraux dont on nous a appris à se soucier le plus en raison de son interaction directe sur la qualité de notre forme physique. Qui ne sait pas que l'anémie est reliée à un manque de fer? En situation de reprogrammation métabolique, en l'occurrence le rétablissement de la charge insulinique, la qualité de l'énergie et le maintien du tonus chez une personne sont des facteurs déterminants de réussite. Une carence d'aliments riches en fer gêne la production de l'hémoglobine — une composante essentielle des globules rouges du sang —, responsable du transport de l'oxygène dans les cellules qui fournissent l'énergie. Une défaillance à ce niveau ne tarde pas à se manifester graduellement par de la fatigue, un manque de concentration, de l'irritabilité et, finalement, par de l'anémie. Une certaine portion du fer ingurgité se réfugie aussi dans des tissus comme le foie, la moelle osseuse et la rate pour suppléer en cas de besoin.

Le fer est présent dans les aliments sous deux formes: le fer hémique — que l'on trouve dans la viande rouge, le poisson, la volaille —, qui s'assimile plus facilement, et le fer non hémique — que l'on trouve dans les légumes au feuillage vert foncé comme les épinards, les betteraves et le chou frisé, les légumineuses, les fruits secs et les œufs.

Un détail qui mérite d'être pris en considération est la meilleure absorption du fer lorsqu'il est mangé simultanément avec un légume riche en vitamine C. Par exemple, une salade de pois chiches avec poivron vert, tomate et brocoli est extrêmement profitable à l'absorption ferrique. Toutefois, il existe certaines combinaisons moins appropriées qui provoquent l'effet contraire: le calcium et le tanin nuisent à l'assimilation du fer. Donc, il vaut mieux éviter de boire du lait ou du thé au cours d'un repas où le fer est à l'honneur.

Le *calcium* et le *magnésium* sont non seulement complices dans la solidité osseuse, mais aussi partenaires dans le fonctionnement des cellules musculaires et nerveuses. Également, il est bon de savoir qu'une carence de ces deux minéraux peut concourir à l'élévation du degré de la pression sanguine. L'organisme reçoit des quantités suffisantes de calcium et de magnésium en consommant quotidiennement des produits laitiers, des légumes au feuillage vert foncé, des fruits oléagineux (noix et amandes), des fruits de mer, des céréales complètes. Une alimentation riche en protéines et en gras essentiels favorise l'absorption du calcium et, dans une certaine mesure, celle du magnésium.

Le *potassium* est un autre oligoélément pour lequel il faut être attentif. L'organisme d'une personne adulte pesant environ 65 kg devrait comprendre quelque 160 g de potassium. Cette quantité est nécessaire pour intervenir adéquatement dans les réactions chimiques mettant en jeu les protéines et les glucides, dans la régulation de la pression artérielle et, surtout, dans l'activité des cellules nerveuses et musculaires conduisant à l'excitabilité et à la concentration.

Un des premiers signes à apparaître — surtout à la phase 1 du programme du docteur Sears — lorsqu'il y a diminution de la production insulinique est la perte d'eau. En effet, les changements métaboliques entraînent les reins à éliminer de grandes quantités d'eau et de sels comme le sodium et le potassium. Une perte trop subite et au-dessus de la moyenne de potassium se fait sentir habituellement par de la fatigue, un certain manque de souffle et des crampes musculaires. Il peut donc arriver que les sources alimentaires — notamment les avocats, le brocoli, la viande (surtout le foie) et les agrumes — ne suffisent pas à rassasier complètement l'organisme qui aura alors besoin de suppléments. (Attention aux médicaments servant à contrôler l'hypertension et la rétention d'eau, car ils peuvent contenir des substances qui empêchent l'élimination du potassium. Cela est à vérifier avec le pharmacien ou le médecin pour éviter une surdose de potassium qui n'est guère mieux, en attendant de se départir de nos médicaments.)

Dans un organisme aux prises avec l'hyperinsulinisme, les réserves de *chrome* sont souvent épuisées à cause du trop grand déversement d'insuline à maîtriser. Il semblerait que 90 % de la population américaine ne possède pas les concentrations de chrome requises pour un fonctionnement biochimique optimal des lipides et des glucides. Ce dérèglement peut être à l'origine de l'éternel goût de sucré qui envahit les papilles et les pensées de millions de personnes poussées à se nourrir principalement de féculents et de sucreries. Plus la consommation de glucides est importante, plus les réserves de chrome se tarissent, plus la personne a envie de manger ce genre d'aliments. Bref, c'est la roue sans fin qui fait son œuvre! Les quantités raisonnables de chrome sont infimes, mais elles suffisent à forger la masse musculaire maigre et à permettre une meilleure assimilation des graisses.

Le *sélénium* est un gladiateur fantastique qui appuie le système immunitaire dans son action contre les infections, le développement de certains cancers et retarde les signes du vieillissement. Sa nature caractéristique en fait un élément de premier ordre dans la composition d'enzymes qui agissent sur le glutathion, une substance protectrice contre les radicaux libres. On avance même qu'un manque de sélénium contribue à faire augmenter le taux de cholestérol. On en trouve dans les fruits de mer, les abats et les viandes maigres ainsi que dans certains fruits et légumes, mais en petite quantité.

Voici un tableau comparatif entre les quantités quotidiennes de vitamines et de minéraux suggérées par les docteurs Eades et celles recommandées par le corps médical traditionnel. Puisque les écarts sont parfois considérables, nous vous invitons à la plus grande prudence quant à l'option offerte par les docteurs Eades.

	Plan Eades	***Corps médical***
Vitamine C	1 000 mg	60 à 100 mg
Thiamine (B_1)	100 mg	1,4 mg
Riboflavine (B_2)	10 mg	1,5 mg
Niacine (B_3)	30 mg	15 à 18 mg
Niacinamide	130 mg	15 à 18 mg
Acide pantothénique (B_5)	450 mg	10 mg
Pyridoxine (B_6)	15 mg	2 mg
Cobalamine (B_{12})	250 µg*	3 µg
Acide folique (B_9)	2 mg	100 à 500 µg
Vitamines E	200 IU	12 mg
Calcium	500 mg	900 mg
Magnésium	250 mg	5 mg/kg**
Potassium	90 mg	30 mg
Zinc	15 mg	12 à 15 mg

Manganèse	15 mg	4 mg
Chrome	200 µg	40 à 60 µg
Sélénium	200 µg	50 à 70 µg

*symbole pour microgramme ** par kilo du poids de la personne

Pour une optimisation de l'apport antioxydant, vitaminique et minéral, voici une liste des fruits et légumes ainsi que d'autres aliments.

• Fruits et légumes à l'action antioxydante

– Riches en acide ascorbique (vitamine C): cassis, ciboulette, citron, cresson, épinard, fraise, goyave, poivron, groseille, kiwi, pamplemousse, papaye, persil, orange, raisin;

– Riches en bêta-carotène (provitamine A): abricot, betterave, carotte, cresson, épinard, laitue, mangue, melon, pastèque, potiron, pruneau;

– Riches en lycopène: pamplemousse rose, papaye, pastèque, sauce tomate, tomate cuite;

– Riches en lutéine et en zéaxanthine: brocoli et autres crucifères, légumes verts, maïs;

– Riches en tocophérols (vitamine E): amande, germe de blé, noisette;

– Riches en flavonoïdes: bleuet, cerise, laitue, mûre, oignon, poivron, pomme, raisin, sarrasin, thé vert, vin rouge;

– Riches en sulforaphane: brocoli, chou blanc, chou chinois, chou-fleur, chou frisé, chou de Bruxelles, chou-rave, chou romanesco, chou rouge.

• **Fruits et légumes riches en vitamines**

– Riches en thiamine (vitamine B_1): céréales complètes, fruits oléagineux, légumineuses;

– Riches en folates (vitamine B_9): asperge, cresson, épinard;

– Consommer des fruits et des légumes frais sous toutes sortes de formes: frais, jus, soupe (gaspacho), purée, sauce, compote peu cuite, coulis, etc.

• **Autres aliments**

– Manger du foie et du poisson parce qu'ils sont particulièrement riches en vitamines, notamment en thiamine (B_1), en niacine (B_3), en pyridoxine (B_6), en folates (B_9) et en cobalamines (B_{12});

– Il est recommandé d'ajouter des levures en paillettes — parce qu'elles sont une excellente source d'acide nucléique, de chrome et de sélénium — aux yogourts, dans les salades, les soupes, les purées, les compotes, etc.

• **Aliments riches en minéraux**

– Riches en calcium: amande, brocoli, chou, hareng, produits laitiers, sardine, saumon, tofu;

– Riches en magnésium: bigorneau, céréales complètes, légumes verts, noix et autres fruits oléagineux, poisson;

– Riches en potassium: asperge, avocat, banane, carotte, céréales complètes, laitue, légumineuses;

– Riches en zinc: crustacés, foie de volaille, gingembre, huître, œuf, poisson, volaille;

– Riches en fer: boudin, épinard, foie de volaille, foie de veau, fruits secs, huître, légumineuses;

– Riches en sélénium: ail, cèpe, céréales complètes, crustacés, foie de volaille, noix du Brésil, poisson, poivron rouge;

– Riches en iode: algue, crustacés, fruits de mer, poisson;

– Riches en silicium: cartilages, céréales complètes.

Chapitre 9

Un nouveau joueur: les eicosanoïdes

Les recherches effectuées dans le domaine de la nutrition, de la diététique et des maladies connexes au cours de la dernière moitié du XXe siècle ont donné naissance à un vocabulaire de plus en plus élaboré avec lequel nous avons dû nous familiariser. Le bon et le mauvais cholestérol, les lipides, les triglycérides, les hydrates de carbone, les glucides simples, les glucides composés et, maintenant, les bons glucides et les mauvais glucides, les fibres alimentaires, les gras essentiels polyinsaturés, les gras monoinsaturés, l'index glycémique, les antioxydants, les radicaux libres, les oligo-éléments, l'hyperinsulinisme, la masse maigre, la surcharge pondérale sont autant de termes et d'expressions que nous avons su intégrer au fil du temps et que nous associons aujourd'hui naturellement à tout ce qui touche l'alimentation.

Récemment, on a découvert un autre acteur de premier plan dans la question nutritionnelle dont vous n'avez probablement encore jamais entendu parler jusqu'à présent, et dont la compréhension du rôle est indissociable au phénomène de l'hyperinsulinisme: il s'agit des eicosanoïdes. Pour nous faire comprendre de la façon la plus simple possible la tâche de ce nouvel acteur, le docteur Barry Sears fait l'analogie suivante: On peut définir les eicosanoïdes comme étant un genre de colle biologique qui permet au corps humain de se tenir. Ainsi, les eicosanoïdes constituent des agents extrêmement puissants, les agents biologiques les plus puissants que l'homme ait jamais connus. Et, le plus beau, c'est que les eicosanoïdes sont totalement malléables et contrôlables par l'intermédiaire de la diète alimentaire.

LE RÔLE DES EICOSANOÏDES

La principale préoccupation que nous devrions entretenir à l'égard des eicosanoïdes est, encore une fois, l'équilibre de ces dernières parce que l'organisme génère de bonnes et de mauvaises eicosanoïdes. Essayons d'y voir plus clair.

Les eicosanoïdes sont une substance qui rassemble une gamme d'hormones (dont la prostaglandine, la thromboxane, la leucotriène, la lipoxine et les acides gras hydroxylés) dérivant des gras polyinsaturés et qui se développe de deux façons différentes dans l'organisme — les bonnes et les mauvaises. Le docteur Sears les qualifie des plus puissantes hormones parce qu'elles interviennent au niveau de chaque cellule, de chaque organe et de chaque système de notre corps. Les eicosanoïdes n'utilisent pas le réseau sanguin pour atteindre les tissus visés, elles sont conçues à l'intérieur des cellules mêmes, agissent directement au niveau cellulaire en y réglant les fonctions usuelles et disparaissent, tout cela en quelques secondes. Ne pouvant être prélevées dans un échantillon sanguin et n'ayant qu'une durée de vie très courte, les eicosanoïdes ainsi que leurs effets sont plutôt difficiles à observer et à cerner. Ce n'est qu'avec l'apparition d'instruments très sophistiqués, dans les années 1970, que les scientifiques ont pu distinguer et identifier plus d'une centaine d'eicosanoïdes, et révéler leur portée toute-puissante.

Comme les eicosanoïdes sont présentes dans tous les recoins du corps, elles interagissent avec tout ce qui y pénètre (nourriture, médicaments, etc.). Elles influencent, entre autres, les systèmes cardiovasculaire, immunitaire, nerveux central et de reproduction. Elles exercent également un contrôle sur des fonctions comme les contractions utérines lors de l'accouchement, la puissance érectile masculine, le cycle éveil/sommeil, la libération de l'acide gastrique, les mouvements respiratoires (resserrement et dilatation des voies respiratoires et des vaisseaux sanguins dans les tissus), et bien d'autres.

Les bonnes eicosanoïdes agissent en tant que vasodilatateurs, renforcent le système immunitaire, diminuent l'inflammation, la douleur, augmentent le flot de l'oxygène, préviennent l'agrégation des plaquettes sanguines, dilatent les voies respiratoires et diminuent la prolifération cellulaire. Les mauvaises eicosanoïdes s'acquittent, bien évidemment, des tâches contraires.

Les deux formes que prennent les eicosanoïdes sont tout aussi essentielles à la vie. Pour survivre, les bonnes et les mauvaises eicosanoïdes sont requises. Toutefois, les mœurs alimentaires qui ont cours actuellement favorisent la surproduction des mauvaises eicosanoïdes. En effet, l'affaiblissement du rendement du système immunitaire, les dérèglements de la pression sanguine, l'accroissement des problèmes d'asthme et d'allergies ainsi que l'arthrite ne sont que quelques-unes des conséquences dues à la prolifération des mauvaises eicosanoïdes. L'équilibre entre les deux types d'eicosanoïdes est un facteur déterminant dans le bon fonctionnement des systèmes cardiovasculaire et immunitaire, et de la santé en général. Notre organisme a besoin tant des «gentilles» que des «méchantes»!

COMMENT CONTRÔLER LES EICOSANOÏDES

Puisque les choix alimentaires ont une incidence directe sur la modulation des eicosanoïdes, il est donc possible d'améliorer sa condition en optant pour une diète adéquate. D'après les tenants de la remise en valeur des protéines, les plans nutritionnels proposés dans leurs méthodes favorisent la remontée nécessaire des bonnes eicosanoïdes chez les personnes concernées et le maintien d'une pondération équitable une fois l'objectif atteint.

C'est en notant des changements de conditions qui n'étaient pas spécialement visées par la mise en pratique de leur méthode — dédiée, rappelons-le, à l'abaissement de la production de l'insuline —, mais qui se sont confirmés au cours des années de suivi auprès de leurs patients, que le couple Eades s'est intéressé aux recherches faites sur les eicosanoïdes. Au début, ces médecins ne savaient pas exactement à quoi attribuer la résorption inattendue et très fréquente de certains problèmes de santé comme les éruptions cutanées, les douleurs articulaires, l'asthme, les maux de tête chroniques, les allergies, le dédoublement des ongles, pour ne nommer que ceux-là. Avec le temps, ils ont fait le lien entre l'atténuation de ces désordres et les inflexions des eicosanoïdes.

Parmi toutes les actions que nous pouvons prendre pour équilibrer les eicosanoïdes, la régulation des taux de l'insuline et du glucagon est la plus puissante; en effet, l'équilibre eicosanoïdal et l'équilibre insulinique se suivent étroitement. Les gras essentiels recommandés dans une diète pour maîtriser la production insulinique, c'est-à-dire les acides gras polyinsaturés, stimulent la fabrication des bonnes eicosanoïdes. L'acide linoléique contenu dans presque tous les aliments est certainement la plus favorable. Des quantités suffisantes de bons acides gras essentiels combinés avec une production convenable d'insuline et de glucagon optimisent le ratio idéal des bonnes eicosanoïdes.

On peut dire qu'il y a trois niveaux d'intervention possibles pour modifier la production des eicosanoïdes: 1. en ajustant les rentrées de la matière première, l'acide linoléique; 2. en altérant le processus de synthèse, la production insulinique; 3. en restreignant la consommation d'acide arachidonique, qui encourage l'accroissement des mauvaises eicosanoïdes.

Obtenir la matière première ne constitue pas le principal obstacle, puisque la plupart des aliments en renferment. En fait, le problème est de s'assurer que l'acide linoléique tiendra la route jusqu'au bout du processus de synthèse. Plusieurs études démontrent que les régimes alimentaires composés par une forte proportion d'hydrates de carbone et par une faible proportion de protéines inhibent l'efficacité de l'enzyme (delta 6 désaturase) qui permet de mener et de convertir l'acide linoléique en un acide gras essentiel activé (acide linoléique gamma ALG). En allouant aux protéines une place correspondant au tiers de votre alimentation totale, en évitant les acides gras saturés (comme les margarines et les huiles hydrogénées, les produits laitiers entiers et les viandes grasses) de même que les aliments à forte teneur en hydrates de carbone, vous favorisez la stimulation de l'enzyme delta 6 désaturase, l'acheminement de votre matière première à bon port de même que sa transformation.

Pour que la conversion en bonnes eicosanoïdes se concrétise, il faut optimiser le processus de synthèse. On a alors affaire à une autre enzyme (delta 5 désaturase) qui dirige le trafic des acides gras essentiels activés et leur fait prendre deux directions: la voie des bonnes eicosanoïdes ou la voie des mauvaises eicosanoïdes. Ce qui motive l'action de l'enzyme delta 5 désaturase, c'est l'équilibre entre l'insuline et le glucagon. Décidément, on n'y échappe pas! Ainsi, l'insuline stimule cette enzyme alors que le glucagon la retient. Il faut savoir que plus l'enzyme delta 5 désaturase est stimulée, plus elle tend à produire un autre acide gras essentiel à la vie, soit l'acide arachidonique.

Le hic, c'est que cet acide peut avoir des conséquences incroyablement destructrices lorsqu'il est fabriqué en trop grande quantité. Principal agent responsable du développement des mauvaises eicosanoïdes, les sommes élevées d'acide arachidonique peuvent conduire tout droit à de nombreuses maladies chroniques nécessitant l'utilisation de médicaments qui éliminent à leur tour toutes les eicosanoïdes. Un cercle vicieux infernal! Les viandes rouges grasses, les jaunes d'œufs et les abats, surtout le foie, contiennent de bonnes proportions d'acide arachidonique. De même, l'acide gras essentiel polyinsaturé appelé oméga-6, que l'on trouve dans les huiles de tournesol, de soja et de carthame, augmente la production de l'acide arachidonique dans l'organisme.

À la lumière de ces informations, nous pouvons nous demander s'il reste quelques aliments auxquels nous avons encore droit! On nous assure que oui et qu'il n'est pas question d'éviter obligatoirement tous les aliments contenant de l'acide arachidonique. D'abord, il faut savoir que toutes les personnes souffrant d'hyperinsulinisme ne sont pas sensibles de façon identique à l'acide arachidonique. Ce n'est que lorsqu'on dénote cette sensibilité sur un sujet qu'il faut s'en préoccuper plus intensément. (Une bonne façon pour vérifier facilement si vous avez une telle sensibilité est lorsque des symptômes comme la fatigue chronique, le manque de sommeil, la difficulté de se tirer du lit, les cheveux et les ongles cassants, la peau sèche, la constipation et des éruptions cutanées perdurent après avoir entamé le plan nutritionnel revalorisant les protéines depuis un certain temps.)

Par exemple, ces personnes peuvent quand même manger de la viande rouge à condition de dégraisser la pièce au maximum et de la faire cuire sur la grille. Il est aussi possible de préparer le morceau de viande en le faisant mariner dans un liquide composé de vin et d'huiles (olive, sésame) pendant 24 heures avant la cuisson sur la grille. Ces personnes ne doivent utiliser des jaunes d'œufs dans leurs recettes qu'avec parcimonie, soit en faisant une omelette avec deux œufs complets et les blancs de trois autres œufs, par exemple. Les fritures sont naturellement à éviter de même que les plats sautés à la margarine.

Il ne faut pas oublier non plus que nous ne pouvons échapper au stress, au vieillissement et aux maladies d'origine virale qui sont trois facteurs aiguillonnant le processus des eicosanoïdes sur la mauvaise pente. Comme nous n'avons pas le choix d'affronter ces éléments majeurs, on doit essayer de développer des moyens pour en minimiser les contrecoups: réduire les sources de stress en éliminant autant que faire se peut le négatif de notre vie, veiller à l'entretien de notre bonne forme physique de manière à ralentir le processus de détérioration de notre corps et se prémunir contre les microbes pour éviter de se faire accaparer par des maladies virales (rhume, grippe, sida).

En résumé, il faut retenir que la production des eicosanoïdes dépend de leur compagnonnage avec l'insuline et le glucagon. L'hyperinsulinisme, causé par une surconsommation de glucides, contribue à la fabrication directe des mauvaises eicosanoïdes dont la prolifération se manifeste en engendrant des douleurs de toutes sortes, de la vasoconstriction, de la coagulation sanguine, etc. En contrepartie, une ration adéquate des trois groupes de nutriments facilite l'entrée de l'acide linoléique dans le circuit de synthèse permettant à l'insuline et au glucagon de travailler de concert à l'élaboration des bonnes eicosanoïdes. Rappelez-vous qu'entre les deux, un surplus de bonnes eicosanoïdes sera toujours préférable à un excès de mauvaises eicosanoïdes.

Chapitre 10

Travailler la masse musculaire

Aussi impopulaire soit-elle dans l'esprit de la majorité des gens, la pratique régulière d'un exercice physique reste encore et toujours un des outils les plus précieux pour favoriser le fonctionnement optimal de notre organisme, pour la sauvegarde de notre santé et de notre bien-être global. Malgré les campagnes publicitaires répétées aux slogans incitatifs, les émissions télévisées où se trémoussent des corps découpés au couteau sous le soleil des tropiques et le pullulement des centres d'entraînement, il semble que le message ne passe pas vraiment.

Pour plusieurs, l'exercice physique est synonyme de sueur, de grognements, d'efforts soutenus, d'essoufflement, de muscles gonflés, de course de longue durée, etc. Pourquoi cette perception négative? Pourquoi ce sentiment d'écœurement avant même d'avoir commencé à s'entraîner?

Bien sûr, si nous considérons l'exercice physique uniquement comme un brûleur de calories, il n'y a pas de quoi s'exciter! Et si nous considérons l'exercice d'abord et avant tout comme une pénible ascension vers la performance, il y a de quoi perdre toute notion de plaisir!

Si nous laissions les records aux athlètes? S'il était possible d'entrevoir la pratique d'un exercice physique autrement que comme une tâche pénible dont les minutes égalent un nombre de calories? C'est un objectif qui est loin d'être inatteignable, nous affirme-t-on.

Dans un plan de vie établi sur le bien-être général, le but de tout exercice physique est simplement d'augmenter la force musculaire et de renforcer l'endurance à un certain degré. Nul besoin d'apprendre les tables d'équivalence de minutes d'exercice et de nombre de calories, nul besoin de viser les Olympiques non plus! Bien sûr, cette attitude ne s'acquiert pas en claquant des doigts, car un changement de perception exige de la bonne volonté et une période transitoire.

Penser que l'exercice physique est une source concrète de bien-être n'est pas une sinécure pour la majorité des gens qui l'associent depuis toujours au contrôle du poids, à la forme cardiovasculaire et au développement de la force. Mais qu'est-ce qui pourrait bien inciter les gens à penser autrement? En attendant de trouver la réponse à cette question, on essaie tant bien que mal de mettre en évidence la sensation de bien-être que l'exercice physique procure.

Tout comme les aliments, l'effort physique amène des transformations hormonales. La marche constitue un excellent point de départ pour toute personne désireuse d'activer son réseau hormonal. Une promenade quotidienne de 30 minutes à un rythme entraînant suffit à apporter les bienfaits recherchés. Graduellement, on peut en venir à s'adonner au jogging, à la natation, au ski de fond, à la rame ou à tout autre exercice aérobique demandant un effort constant pour bénéficier du maximum des avantages hormonaux.

La zone idéale de l'effort pour obtenir un équilibre hormonal se situe entre 60 % et 80 % de son rythme cardiaque maximal (que l'on peut calculer en soustrayant son âge au chiffre 220). Une personne de 40 ans ne peut excéder un rythme cardiaque de 180 pulsations à la minute. Sa zone idéale de travail physique se situe donc entre 108 et 144 battements de cœur par minute.

VIVE LES POIDS ET HALTÈRES!

Tout le monde sait qu'en vieillissant, la sécrétion des hormones de croissance diminue. La pratique d'un exercice physique régulier vigoureux stimule la libération des hormones responsables de la réparation et de la reconstitution des tissus musculaires endommagés pendant le travail, et du mode d'utilisation des matières grasses par le métabolisme.

Bien que les exercices aérobiques soient excellents pour le renforcement de l'appareil cardiaque, ils ne procurent pas les mêmes bienfaits que l'entraînement basé sur des exercices anaérobiques. La pratique du soulèvement des poids et haltères, si elle est assez intense, semble être celle qui avive de façon fort significative la stimulation des hormones de croissance en plus de solidifier les articulations, d'augmenter la densité osseuse (prévention contre l'ostéoporose), d'accroître la masse musculaire, d'améliorer l'endurance et de diminuer le taux d'insuline. En travaillant intensément, la masse musculaire devient un véritable brûleur des tissus graisseux même les plus récalcitrants, elle se redéfinit en s'affinant et en sculptant le corps.

La beauté de l'exercice physique par le soulèvement de poids est qu'au fur et à mesure que la masse musculaire se débarrasse des stockages de gras, qu'elle se développe et qu'elle est ensuite entretenue comme telle, le potentiel métabolique augmente à son tour et brûle spontanément l'énergie fournie par les aliments. À ce stade, il est donc possible d'augmenter ses rations de nourriture sans craindre de prendre du poids, car les nutriments sont assimilés sans délai par l'organisme en demande. Mais attention! Les mordus du pèse-personne pourraient être fort déçus de ne pas voir l'aiguille s'abaisser! Il faut se rappeler que la masse maigre pèse plus que la masse grasse. Un vêtement ajusté donnera une image beaucoup plus fidèle de l'amincissement réel de la silhouette que le nombre de livres.

On nous suggère également de toujours faire sa séance de travail physique avec l'estomac vide, de ne rien consommer — excepté de l'eau — pendant la séance et de ne manger qu'environ une heure après l'effort — préférablement un repas à forte teneur en protéines, les hormones de croissance ayant un besoin pressant d'acides aminés pour procéder à la reconstruction des muscles.

Les autres facteurs qui encouragent la fabrication des hormones de croissance sont un taux de glucose sanguin bas, un taux de protéines élevé, une consommation réduite d'hydrates de carbone, le jeûne, un taux d'acides gras non essentiels réduit et une bonne qualité de sommeil. Ainsi, pendant le sommeil, les hormones de croissance sont sécrétées surtout pendant les troisième et quatrième stades, c'est-à-dire une heure ou deux après que l'on a sombré dans la phase du sommeil profond. Il n'est donc pas surprenant d'apprendre que les facteurs inhibants des hormones de croissance soient, entre autres, un haut taux de glucose sanguin, un haut taux d'acides gras et l'obésité.

Décidément, il appert que toutes les conditions favorables à la production d'hormones de croissance conspirent à nous convaincre d'adopter les diètes dont il est question dans ce livre!

Voici quelques conseils de base pour commencer un programme d'entraînement de résistance.

- Entreprendre le programme avec des poids légers pour apprivoiser graduellement les ligaments, les tendons et les différents tissus des articulations. Attendre que le renforcement soit évident avant d'opter pour des poids plus lourds, ce qui peut prendre plusieurs semaines.

- Commencer la séance par les exercices sollicitant les plus gros muscles: ceux des cuisses, des épaules, de la poitrine et des fessiers. Une augmentation de 5 % de la grosseur et de la densité de cette catégorie de muscles déclenche une plus grande activité métabolique qu'une augmentation équivalente de celle des plus petits muscles.

- Respecter rigoureusement les positions suggérées même si le muscle en travail se fatigue vite. Il vaut mieux prendre une petite pause à intervalle régulier et compléter la série d'exercices que d'enchaîner les mouvements rapidement en déformant la position pour se faciliter la tâche et en risquant de se blesser. Le but est de développer l'endurance et la résistance, et non pas d'atteindre le plus grand nombre de fois dans une minute!

- Ne pas oublier de réévaluer ses rations quotidiennes en protéines à mesure que s'ajoutent ou s'allongent les séances d'exercices afin de pourvoir aux besoins de l'organisme et, plus particulièrement, des muscles.

- Afin de maximiser la libération des hormones de croissance, faire sa séance d'exercices en ayant l'estomac vide. Ne jamais ingérer d'aliments contenant des hydrates de carbone tout juste avant ou tout de suite après l'effort, car cela en annulerait la sécrétion.

- Travailler en fonction d'augmenter graduellement la puissance, et non pas seulement la force brute. (La force correspond à la charge que vous êtes capable de soulever et la puissance est la vitesse à laquelle vous le faites.) La vitesse de réaction et l'agilité combinées avec la force constituent votre véritable potentiel de performance.

- Parallèlement à l'entraînement musculaire, il est bon de se livrer à des activités aérobiques. Ainsi, votre niveau d'endurance s'en trouvera bonifié. L'apport important d'oxygène par l'intermédiaire des globules rouges dans le sang au cours de ce genre d'exercice supplée aux demandes des muscles.

- Pour les personnes désirant suivre le plan nutritionnel tel que suggéré par les docteurs Eades, il est recommandé d'entreprendre d'abord la diète et de la suivre pendant au moins une semaine avant de se mettre à l'entraînement physique. Le changement d'alimentation peut plonger l'organisme dans un état de fatigue (plus la personne est un gros consommateur d'hydrates de carbone, plus le risque est probable de voir surgir ces symptômes), et la personne a besoin de toutes ses énergies pour accomplir ses tâches quotidiennes régulières.

L'intérêt que porte la communauté scientifique à l'action des hormones de croissance s'est manifesté par un nombre grandissant d'études au cours des dernières années. Les résultats impressionnent, mais la prudence reste néanmoins de mise. L'une d'entre elles, effectuée au début des années 1990, démontre que des sujets septuagénaires mâles ayant reçu des injections pendant une période de six mois avaient subi des transformations de leur masse corporelle qui équivalaient à un rajeunissement de 15 ans!

Il n'y a pas que les chercheurs qui s'intéressent aux hormones de croissance. De plus en plus de gens ordinaires y ont recours — bien que leur utilisation soit illégale dans certains pays — pour ralentir le phénomène du vieillissement et pour se doter d'une qualité de vie répondant à leurs aspirations. Convaincus d'avoir enfin trouvé la fontaine de Jouvence, ces «cobayes» volontaires affirment jouir des bienfaits d'une jeunesse retrouvée et ne pas s'inquiéter outre mesure des effets secondaires à long terme encore inconnus. Parmi les témoignages recueillis lors d'une entrevue, l'un d'eux a déclaré qu'à 72 ans, il préférait profiter pleinement des dernières années de sa vie en s'adonnant à une foule d'activités impensables à son âge que de voir le temps lui échapper en ayant peur des symptômes éventuels et de mourir de toute façon dans moins de 10 ans... parce que, à cet âge, la mort n'est pas loin!

Chapitre 11
Une controverse appelée... cholestérol

Pour avoir effleuré le sujet précédemment, nous savons que le cholestérol est une substance lipidique absolument essentielle à l'accomplissement du maintien de la vie et de l'équilibre du corps humain. Sans lui, plusieurs systèmes de contrôle hormonaux ne pourraient fonctionner: la structure membranaire des cellules, la croissance et la restauration des tissus seraient déficientes, la transmission de l'influx nerveux serait compromise, la fabrication des acides biliaires essentiels au processus digestif serait impossible et les triglycérides ne pourraient pas être acheminés.

Malgré son indispensable contribution, le cholestérol est au banc des accusés et est considéré comme étant l'indiscutable responsable des maladies cardiaques. Pour cette raison, on lui mène une lutte implacable en clamant haut et fort que la réduction du taux excédentaire de cholestérol est LA solution pour arriver à mater les cardiopathies. Toutefois, les experts ont dû se pencher à nouveau sur leur stratégie, car les statistiques des dernières années en ce qui a trait au fléau des maladies cardiaques ne corroboraient pas avec leurs attentes. Les médecins chercheurs se sont quelque peu ravisés en revenant à la charge avec les notions de bon et de mauvais cholestérol, ce dernier étant le nouvel ennemi. En constante évolution, les études dans ce domaine nous réservent certainement d'autres surprises, et il ne faudrait pas s'étonner de voir poindre de nouvelles théories à ce sujet dans un avenir rapproché.

Les partisans du juste milieu et de la réintégration des protéines dans l'alimentation s'accordent de plus en plus pour dire que la hantise de l'excès de cholestérol a pris une ampleur démesurée. La preuve en est que cette obsession nous incite presque instinctivement à évaluer notre état de santé en fonction de notre taux de cholestérol et à privilégier les aliments de préparation commerciale portant les inscriptions «sans cholestérol», «à faible teneur en gras» ou «léger».

Malgré les allégations accusatrices portées contre le cholestérol, malgré la chasse systématique au gras, malgré la panoplie de produits dépouillés de matières grasses censés nous prémunir contre l'accumulation lipidique, pourquoi la population nord-américaine n'a-t-elle pas cessé de prendre du poids depuis les 10 dernières années? Comment se fait-il que les maladies cardiovasculaires soient encore la cause numéro un de décès sur notre continent? Il y a là de nombreux signes d'incongruité.

LES ROUAGES DU SYSTÈME DE RÉGULATION

D'abord et avant tout, il faut savoir que 80 % de la production quotidienne de cholestérol provient du corps lui-même, plus précisément du foie. Cette seule information nous permet déjà de constater l'incidence mineure des aliments sur le processus de fabrication, c'est-à-dire 20 % du volume cholestérolémique. La véritable source du problème des personnes aux prises avec l'hypercholestérolémie serait plutôt d'ordre métabolique. La clé permettant de résoudre le haut taux de cholestérol ne se trouve donc pas uniquement dans les sévères restrictions alimentaires, mais aussi au niveau de la manipulation alimentaire du système de régulation interne du cholestérol.

Le phénomène concret de la synthétisation se décrit ainsi: l'enzyme qui assure la synthèse du cholestérol dans le foie agit sous l'emprise d'hormones, soit l'insuline et le glucagon. Dans ce cas-ci, l'insuline ne perd en rien ses caractéristiques stimulantes au sein de l'enzyme; elle incite donc le foie à produire plus de cholestérol. Quant au glucagon, il persiste à ralentir les élans de cette enzyme et il fait en sorte que le foie fabrique moins de cholestérol.

LE BON ET LE MAUVAIS CHOLESTÉROL

Pour mieux saisir l'incidence du cholestérol sur l'organisme, il importe de connaître les caractéristiques qui différencient le bon cholestérol (HDL, abréviation de lipoprotéine à haute densité) du mauvais cholestérol (LDL, abréviation de lipoprotéine à basse densité, et VLDL, lipoprotéine à très basse densité) — surtout si les maladies cardiovasculaires sont une cause de mortalité évidente dans votre famille.

Les lipoprotéines, fabriquées et sécrétées par le foie, sont des VLDL, majoritairement composées de triglycérides et de très peu de cholestérol. À mesure que les lipoprotéines se déplacent dans le sang, elles maturent et voient leur réserve de cholestérol grossir. Rendues à maturité, elles transbordent les triglycérides dans les tissus afin qu'ils soient brûlés en énergie ou stockés. La portion restante de cholestérol fait en sorte que les lipoprotéines deviennent des LDL très riches en cholestérol. Lorsque ces lipoprotéines remplies de mauvais cholestérol poursuivent leur route dans le sang, trois issues sont possibles: 1. elles peuvent être retirées de la circulation par le mécanisme d'entretien régulier effectué par le foie; 2. elles peuvent être réquisitionnées par une cellule ou un tissu qui en a besoin; 3. elles peuvent s'accrocher aux parois artérielles lorsque l'organisme est débordé et ne peut compléter l'assimilation.

La régulation du cholestérol se réalise plus exactement par des récepteurs de LDL qui s'emparent de la molécule afin que l'appareil enzymatique synthétise le cholestérol utile aux fonctions cellulaires. (Par ailleurs, les scientifiques ont dénoté qu'un désordre au niveau de ces récepteurs de LDL constitue un facteur majeur dans le développement des maladies cardiaques chez certains sujets.)

Quant aux HDL, les superhéros, leur charge très dense leur permet de faire maison nette: ces lipoprotéines balaient littéralement le cholestérol des tissus et des parois artérielles pour le transporter dans le sang. Puis, elles remettent le cholestérol aux VLDL de passage les convertissant ainsi en LDL. Le transport du cholestérol ne s'effectue donc pas dans une seule direction: les LDL acheminent le cholestérol vers les tissus pour les y déposer pendant que les HDL recueillent le cholestérol de ces tissus et le redistribuent vers les cellules du foie pour que celui-ci soit écoulé.

Si vous fabriquez plus de LDL que de HDL, le trafic du cholestérol vers les tissus sera plus important et les risques d'accumulation plus grands; si vous libérez plus de HDL que de LDL, le trafic sera plus important dans le sens contraire et les risques d'accumulation seront moins grands. C'est pourquoi le taux de cholestérol global est incomplet et ne suffit pas à donner l'heure juste. Vous vous devez de connaître votre ratio de lipoprotéines HDL/LDL pour définir votre propension à développer des maladies ou des troubles relatifs à une trop grande quantité de mauvais cholestérol accumulée.

D'après les docteurs Sears, Eades et Heller, les plans nutritionnels visant l'équilibre insuline/glucagon sont les seuls outils d'ordre alimentaire vraiment efficaces dans le contrôle du taux de cholestérol. Tous ces spécialistes font d'ailleurs état, dans leurs ouvrages respectifs, de résultats de certains cas parfois spectaculaires. Entre autres, l'histoire d'un patient du docteur Sears souffrant d'une cardiopathie qui ne s'améliorait pas, et ce, en dépit des efforts qu'il déployait pour suivre à la lettre une diète suggérée par son médecin et orientée vers une consommation massive de glucides. Les taux de glycérides et de cholestérol de l'homme en question n'avaient cessé de monter pendant que le taux des HDL (le bon cholestérol) n'en finissait plus de chuter.

Sous la supervision du docteur Sears, l'homme a décidé de suivre le plan du juste milieu tout en continuant de prendre son médicament. En six mois, son taux de triglycérides a baissé de 80 %, son taux de cholestérol global a décliné du tiers pendant que le pourcentage de bon cholestérol a commencé à remonter la pente.

Encouragé par les résultats, le patient a décidé de poursuivre la diète et d'abandonner la Simvastatine, un médicament qui abaisse efficacement le taux de cholestérol en agissant sur l'enzyme qui contrôle sa synthèse. Son taux de triglycérides a encore diminué quelque peu (moins de 1 %), son taux de cholestérol a subi une légère hausse (13 %) pendant que le bon cholestérol s'est accru de 25 %. Pour le docteur Sears, ces résultats appuient admirablement bien sa théorie qui veut que le taux de cholestérol est défini par l'équilibre eicosanoïdal qui, lui, est contrôlé par l'équilibre insuline/glucagon qui, à son tour, est contrôlé par les aliments ingérés.

Ainsi, en suivant le plan nutritionnel du juste milieu, vous pouvez vous permettre de réintégrer dans votre menu la viande rouge, les jaunes d'œufs, le fromage, le beurre et même la crème en quantité raisonnable. Pour autant que vous contrôliez votre équilibre insulinique, votre taux de cholestérol devrait se maintenir dans la zone acceptable.

La perspective de pouvoir renouer avec certains aliments interdits et de pouvoir délaisser une médication coûteuse risque d'en séduire plus d'un. Mais avant de considérer une telle option, une visite chez le médecin s'impose afin d'approfondir la connaissance de son profil lipidique et d'analyser toutes les conséquences inhérentes à un tel changement. Les cas d'hypercholestérolémie familiale sérieux, par exemple, peuvent ne pas avoir le choix de continuer la prise des médicaments en raison de la forte incidence héréditaire.

Chapitre 12
L'autre côté de la médaille

Depuis toujours, les hommes ont peur du changement. Galilée et Darwin en savaient quelque chose. Ces deux hommes célèbres auraient pu en dire long sur la tâche titanesque que représente la démonstration d'un nouveau concept chambardant les prémisses instituées, et ajouter que ça l'est encore davantage lorsqu'il s'agit de le faire accepter. C'est à ce genre de résistance que se butent les instigateurs des différents plans nutritionnels présentés dans ce livre. Malgré l'intérêt marqué du grand public face à ces approches alimentaires, les docteurs Heller, Eades et Sears ainsi que les autres sont la cible d'attaques d'un grand nombre de détracteurs animés soit par une sage et grande prudence, soit par un désir ardent de conserver leur chasse gardée.

Les motifs énoncés par les opposants du nouveau système de revalorisation des protéines et du juste milieu sont multiples. En voici les principaux points.

D'abord, on explique le succès populaire de ces plans nutritionnels par le fait que les Nord-Américains recherchent désespérément une façon de perdre l'excédent de poids qui les ankylose. Peu importe la raison pour laquelle ils ont failli auparavant, la probabilité que cette nouvelle théorie soit la bonne les attire, surtout lorsque celle-ci permet de manger des aliments habituellement défendus dans les diètes conventionnelles. «Dites ce que les gens veulent entendre, et vous aurez des disciples à profusion», crient les opposants. Et puis, comment tous ces gens pourraient-ils résister à l'opération de charme reposant sur la déculpabilisation suprême: «Ce n'est pas de votre faute si vous engraissez, ce sont vos hormones! Vous n'avez pas à vous sentir coupable si vous mangez comme un ogre et que vous ne faites aucun exercice!»

Puis, on reproche aux docteurs Sears, Eades et Heller ainsi qu'aux autres de centraliser tous les désordres métaboliques inhérents à la prise de poids et au développement de nombreuses maladies au maintien de l'équilibre insulinique et eicosanoïdal, lequel peut se rétablir, comme par enchantement, en augmentant les portions de protéines et sans avoir à se priver de ses aliments préférés.

Les opposants qualifient ces gens non seulement de «gourous de la diète à forte teneur en protéines», mais aussi de «dénigreurs», puisqu'ils prétendent détenir la vérité et prennent un malin plaisir à encourager la rumeur voulant que l'establishment professionnel médical conspire à garder les gens malades pour garantir leur omnipotence.

Aussi, la consommation accrue de viande, d'œufs et de produits laitiers les effraie, car ce sont des produits à teneur élevée en gras, en cholestérol et en protéines animales, qui ne contiennent pas suffisamment de fibres alimentaires et de glucides, qui ne renferment pas les quantités suffisantes de vitamines et de minéraux, et qui sont très souvent contaminés par des substances chimiques ou des microbes. Les opposants s'appuient sur les rapports des principaux organismes de santé reconnus qui relatent l'immense impact des diètes quant à la prévention, au déclenchement et au traitement de plusieurs maladies, et qui insistent sur l'importance de ne pas jouer avec l'alimentation. Ces organismes redoutent la surconsommation des aliments à teneur élevée en gras et préfèrent miser sur l'ingestion des fibres alimentaires et des hydrates de carbone pour maximiser le maintien de la santé. Ils croient que l'obésité, les troubles cardiaques, le diabète de type II, les cancers du sein, du côlon et de la prostate, l'ostéoporose, les calculs biliaires, les calculs rénaux, l'arthrite, les rhumatismes, la constipation, les hémorroïdes ne sont que les principales maladies découlant d'un style de vie caractérisé par des déficiences nutritionnelles, comme celles des diètes à teneur élevée en protéines.

Les opposants rappellent qu'un trop grand nombre de protéines cause des ravages importants dans l'organisme: les protéines sont métabolisées par le foie, puis acheminées dans les reins afin d'être expulsées dans l'urine. Une trop grande charge de protéines risque d'endommager ces organes très sollicités. Dans les années 1980, les habitants des pays riches ont perdu environ 30 % de leur capacité rénale. On attribue cette perte à la somme des protéines consommées, qui se situe entre 12 % et 15 %. Les patients traités pour ce genre de troubles sont limités à un pourcentage se situant entre 4 % et 8 % de protéines. À quoi peut-on s'attendre dans l'avenir, étant donné que les tenants des diètes aux protéines en recommandent 30 % (et parfois plus)?

Les opposants insistent pour dire que les diètes à haute teneur en protéines mettent en péril la balance du pH et, à cause de cela, conduisent à des pertes osseuses et au développement de calculs rénaux. (La viande rouge, la volaille, les crustacés et les œufs, qui sont de nature acide, abondent dans l'organisme, alors que les légumes, qui sont de nature alcaline, n'arrivent pas à équilibrer le tout.) Ils brandissent également une étude menée récemment par The Nurse's Health Study qui démontre qu'un groupe de femmes ayant consommé 95 g de protéines par jour avait 22 % plus de risque de fracture au niveau de l'avant-bras que le groupe de femmes ayant consommé 68 g de protéines par jour. La trop grande proportion de protéines engendre un manque de calcium qui se doit d'être comblé.

UN NON-SENS?

Certains contestataires sont allés jusqu'à se servir de Barry Sears lui-même pour prouver que sa diète ne pouvait être suivie indéfiniment et qu'elle pouvait mener à un déséquilibre encore plus dangereux.

Barry Sears pèse 95 kg et mesure 1,95 m. Sa diète repose sur le fait que, *grosso modo,* 30 % des calories doivent être des protéines, 30 % des gras et 40 % des glucides. Le docteur Sears dit manger 100 g de protéines par jour, ce qui veut dire 400 calories de protéines par jour (1 g de protéine contient 4 calories). Suivant les proportions prescrites par le plan (30/30/40), cela signifie qu'il consomme également 400 calories de gras et 500 calories d'hydrates de carbone, pour un total global quotidien de 1 300 calories. Pourtant, une évaluation conservatrice de ses besoins, si l'on considère qu'il a un tempérament sédentaire, fait en sorte que le docteur Sears devrait ingérer un peu plus de 2 300 calories par jour. Il lui manquerait donc 1 000 calories par jour, soit 7 000 calories par semaine, ce qui se traduit par une perte de poids de 0,9 kg par semaine (il y a 3 500 calories dans 454 g) .

Depuis le nombre d'années qu'il suit sa diète, il aurait dû perdre plusieurs centaines de livres, soit au moins 400. Le docteur Sears défie-t-il les lois de la nature ou est-il incapable de respecter sa propre théorie? Barry Sears a perdu quelque 35 lb (15,8 kg) au cours des quatre premières années où il a mis en pratique ses principes. C'est ce qui fait dire à ses détracteurs qu'il doit nécessairement ingérer un minimum de 2 300 calories par jour pour maintenir son poids. Si tel est le cas, il devrait manger, pour respecter les proportions 30/30/40, 173 g de protéines et 77 g de gras (1 g de gras contient 9 calories) par jour. Toutefois, le docteur Sears admet ne pas manger plus de 44 g de gras par jour et maintient sa portion de 100 g de protéines par jour. Dans quelle catégorie d'aliments va-t-il donc puiser la différence?

Par ailleurs, les opposants trouvent étrange qu'une diète basée sur la consommation de viande, d'œufs, de fruits de mer et de fromage puisse prévenir le développement de maladies cardiaques. Pour appuyer leurs dires, ils évoquent des études à long terme démontrant une plus grande diminution des risques de maladies cardiaques sur les patients qui suivent des diètes à faible teneur en gras et à haute teneur en hydrates de carbone. Ils trouvent également incongrue l'affirmation du docteur Sears voulant que la surproduction insulinique soit le véritable coupable de ces maladies et qui lui fait accuser les diètes à faible teneur en gras. Les opposants croient que le docteur est parfaitement conscient de certaines failles de sa méthode et qu'il refuse de les rectifier. Par exemple, le fait que les Américains consomment beaucoup moins de gras qu'il y a 10 ans et qu'ils continuent à grossir malgré tout, prouve que le gras n'est pas le vrai coupable. La vérité serait que les gens mangent légèrement trop de gras, mais que l'ajout de quelques centaines de calories de produits raffinés et d'aliments sucrés accentue davantage la surcharge pondérale.

L'allégation voulant que les aliments gras constituent un meilleur carburant que les hydrates de carbone pour les athlètes n'est pas partagée. Les hydrates de carbone sont la matière première de l'énergie requise pour exécuter un exercice physique exigeant, le gras ne devenant disponible qu'après une vingtaine de minutes de travail. Et le commun des mortels ne s'adonne pas à un effort physique constant pendant autant de temps.

Il semblerait également que l'ingestion de quantités égales de protéines et d'hydrates de carbone à chaque repas ou à chaque collation ne favorise pas de manière évidente l'équilibre de la production d'insuline. Les scientifiques ne sont pas sans savoir que l'ingestion des protéines seules fait augmenter la sécrétion insulinique, mais ils ne voient pas pourquoi le fait de consommer des protéines simultanément avec des hydrates de carbone produirait une réaction différente. Une étude publiée dans *The Lancet* a montré que du bœuf mangé avec du glucose faisait doubler le taux d'insuline par rapport à une consommation de glucose seul, et le faisait quadrupler comparativement à une consommation de bœuf seul. Le résultat: l'ingestion de glucose combiné à des protéines est suivie d'une augmentation d'insuline.

Les opposants trouvent également la thèse des eicosanoïdes peu crédible, car le docteur Sears — qui les qualifie de superhormones — n'a jamais réussi à mesurer le taux eicosanoïdal des gens. Comment peut-il prétendre que ces hormones soient à la base de tant de maladies et de désordres s'il ne peut les évaluer et vérifier leur incidence sur son programme nutritionnel?

Ces interrogations ne traduisent que quelques-unes des nombreuses inquiétudes des milieux médical et nutritionnel qui voient l'intérêt grandissant de la population pour ces diètes miracles, mais qui, en réalité, ne sont pas si nouvelles. On n'a qu'à se rappeler la méthode du plan Atkins, le premier plan à teneur élevée en protéines, et qui soulève, après une trentaine d'années, plusieurs questions. La perte de poids est bien sûr immédiate, mais à plus long terme, on commence à dénoter certains effets secondaires comme l'ostéoporose, les maladies cardiaques, les calculs rénaux et certains cancers, précisément les maux que les plans nutritionnels basés sur les protéines sont censés prévenir.

Bien que les méthodes proposées par les docteurs Sears, Eades et Heller ainsi que les autres aient été révisées, en rajustant les proportions, elles ne semblent toujours pas rassurer la communauté scientifique médicale pour autant.

Le débat reste donc entier, et l'avenir semble le seul porteur de vérité.

Conclusion

Réfléchir, comprendre et agir!

Les points soulevés dans le chapitre précédent ont-ils eu pour effet de tiédir vos ardeurs? Vous demandez-vous si les opposants aux plans nutritionnels à base de protéines ont raison de s'acharner et de démolir un à un leurs principes, ou s'ils réagissent par peur de perdre le monopole qu'ils ont toujours exercé?

Souvenez-vous que toute chose qui existe dans l'univers possède son côté positif et son côté négatif, toute idée énoncée a ses défenseurs et ses réfuteurs, toute situation entraîne des conséquences favorables ou défavorables. Vous êtes le seul juge de ce qui semble bon ou mauvais pour vous.

Peu importe la démarche alimentaire que vous choisirez, il se trouvera toujours quelqu'un quelque part pour aller à l'encontre des préceptes auxquels vous croyez. Aussi, fiez-vous à votre bon jugement, informez-vous, lisez différents auteurs pour corroborer ou pour infirmer les différents renseignements, interrogez votre médecin sur les questions d'ordre physiologique, faites des essais à court terme, agissez avec prudence car, comme nous l'avons déjà souligné, chaque individu a son propre fonctionnement métabolique. Vos réactions, vos sensations, vos observations personnelles constituent des indices précieux.

Tout comme les médicaments, certaines méthodes nutritionnelles s'avèrent particulièrement efficaces et répondent aux attentes de nombreuses personnes alors qu'elles peuvent ne pas vous convenir, et vice versa.

Des centaines de milliers de gens sont absolument persuadés de la cohérence et du bien-fondé des plans nutritionnels promus par les docteurs Sears, Heller, Eades ou par des passionnés de la question alimentaire comme Michel Montignac en raison des résultats sans équivoque et des sentiments de satisfaction et de bien-être qu'ils ressentent. Autant de gens peuvent-ils être dupes? Si vous répondez dans l'affirmative, vous avez déjà votre réponse...

Bibliographie

APFELBAUM, M., FORRAT, C., NILLUS, P. *Diététique et nutrition*, Paris, Éditions Masson, 1989.

BRINGER, J., RICHARD, J. L., MIROUZE, J. «Évaluation de l'état nutritionnel protéique», *Revue Pratique*, 17-22, Paris, 1985.

EADES, Michael R. et Mary Dan. *Protein Power*, New York, Bantam Books, 1996.

GOODBODY, Mary et SEARS, Barry. *Mastering the Zone*, New York, HarperCollins, 1996.

MARKERT DIETER. *The Turbo-Protein Diet: Stop Yo-Yo Dieting Forever*, New York, Bookworld Services, 1998.

MILLER, Peter M. *Hilton Head Metabolism Diet*, New York, Warner Books, 1996.

MONTIGNAC, Michel. *Je mange, donc je maigris*, Paris, J'ai Lu, 1994.

SEARS, Barry. *Le juste milieu dans votre assiette*, Montréal, Éditions de l'Homme, 1997.

SEARS, Barry. *The Zone: A Dietary Road Map to Lose Weight Permanently: Reset Your Genetic Code: Prevent Disease: Achieve Maximum Physical Performance*, New York, HarperCollins, 1995.

Table des matières